武器

哲学

是职场的有利

武器
になる
哲学

Shu Yamaguchi

〔日〕山口周
◎著

杨文君
◎译

中国出版集团
现代出版社

版权登记号：01-2022-2100

图书在版编目（CIP）数据

哲学是职场的有利武器 /（日）山口周著；杨文君
译. — 北京：现代出版社，2022.6
ISBN 978-7-5143-9907-3

Ⅰ. ①哲… Ⅱ. ①山… ②杨… Ⅲ. ①成功心理—通
俗读物 Ⅳ. ①B848.4-49
中国版本图书馆 CIP 数据核字（2022）第 082167 号
BUKI NI NARU TETSUGAKU
©Shu Yamaguchi 2018
First published in Japan in 2018 by KADOKAWA CORPORATION, Tokyo.
Simplified Chinese translation rights arranged with KADOKAWA
CORPORATION, Tokyo
through Shanghai To-Asia Culture Communication Co., Ltd.

哲学是职场的有利武器

作　　者：［日］山口周
译　　者：杨文君
策　　划：王传丽
责任编辑：王　羽
出版发行：现代出版社
通信地址：北京市安定门外安华里 504 号
邮政编码：100011
电　　话：010-64267325　64245264（传真）
网　　址：www.1980xd.com
印　　刷：三河市国英印务有限公司
开　　本：787mm×1092mm　1/32
印　　张：10.25
字　　数：196 千字
版　　次：2022 年 6 月第 1 版　　印　　次：2022 年 6 月第 1 次印刷
书　　号：ISBN 978-7-5143-9907-3
定　　价：56.00 元

目 录

序言

没有教养的职场人士是"危险的存在"

第 1 部分

没有比哲学更有用的"工具"了

第 **2** 部分

让知识的战斗力
最大化的 50 个核心概念

第 / **1** / 章

关于"人"的核心概念
——为了思考"为什么这个人
要做这样的事"

第 /2/ 章

关于"组织"的核心概念
——为了思考"为什么
组织无法改变"

第 / 3 / 章

关于"社会"的核心概念
——为了理解"当下正在发生什么"

第 / 4 / 章

关于"思考"的核心概念
——为了不掉进常见的
"思考的陷阱"

序言

没有教养的职场人士是"危险的存在"

为什么我这样一个并非哲学和思想方面专家的人要写一本面向职场人士的哲学和思想方面的书呢？如果用一句话来回答，那就是：

因为我更想让那些正在参与世界建设的职场人士去了解哲学和思想的精髓。

我曾在拙作《美感的力量》中提到，当今世界的风潮是，以哲学为中心的文科教育对于那些未来在社会上拥有巨大的权力和影响力的精英来说，变得越来越重要。

在此重提一下，从近代以来，欧洲承担培养精英重任的教育机构就一直把哲学和历史当作必修科目对待。时至今日，比如在政治和经济领域精英辈出的牛津大学招牌学部PPE，即Philosophy、Politics and Economics（哲学、政治与经济学科）中，哲学位居三大学科之首。在法国的高中课程中，无论理科还是文科，都把哲学作为必修科目。法国高考第一天的第一个传统考试科目就是哲学。恐怕在巴黎住过一段时间的人都曾经在办公室或者咖啡厅听到过人们谈论法国高考出了什么哲学考题，如果自己是考生会怎么作答之类的话题吧。

或者我们把目光转向美国看一看。作为精英企业而声名远扬的教育机构——阿斯彭研究所（Aspen Institute）把世界上顶级时薪的全球企业经营管理干部候选人聚集在一起。在风光旖旎的滑雪胜地阿斯彭的山麓，这些人扎扎实实地学习柏拉图、亚里士多德、马基雅弗利、霍布斯、洛克、卢梭、马克思等哲学和社会学的古典思想。

哲学通常被人们认为是"起不了什么作用的学科代表"，而他们为何要把哲学作为一种优先等级很高的学问来学习呢？阿斯彭研究所成立的契机是在 1949 年举办的国际"歌德诞生 200 周年纪念"大会上，当时的发起人之一，时任芝加哥大学教授的罗伯特·哈钦斯就"为什么领导者需要具有教养"这一问题发表了如下言论：

> 没有教养的专家，是对我们文明社会最大的威胁。
> 被人叫作专家的人，难道只需要具备专业能力，而可以没有教养，或者可以对于其他诸事一窍不通吗？
>
> ——摘自日本阿斯彭研究所主页

此话真是强劲有力。哈钦斯想要表达的意思是，学习哲学这件事不是因为它"有用"或者"帅气"或者"会让人变得更聪明"，而是如果不学习哲学就获得了一定的社会地位，那么这样的人对于社会文明来说是一种威胁，也就是说会变成"危险的存在"。

目光转向日本，日本当下的状况又是如何呢？很难得的一次机会，我有幸作为提问者参加了在2018年召开的关西经济同友会，可以在会上与那些代表着关西财界的企业经营者们就"文化与企业的关系"这一话题进行讨论。然而通过这次会议我发现，对这个话题能够恰如其分地阐述自己的意见的经营者，至少在当时的会场上一个也没有。大多数经营者都以"文化不赚钱""我倒是想给祇园投钱呢，但是没有那个时间"等幼稚的点评来结束，没有人能够认认真真地就"文化对企业经营的影响"这个话题来进行探讨。

然而另一方面，由这些没有教养的"赚钱专家"（他们好像也没有赚到很多钱）所带领出来的多数日本企业，持续出现一系列连小孩子都会为之惊讶的违反行业规则和要求的做法。想想日本这样的现状，我们就能知道当初提议设立阿斯彭研究所的哈钦斯所提出的问题是多么具有预见性了。

为什么职场人士应该学习哲学

前面，我通过引用罗伯特·哈钦斯在成立阿斯彭研究所时的发言，用他所提出的问题阐述了"为什么领导者需要有教养"。接下来我会根据自身的经验，从实用性方面阐述学习哲学和思想的理由。

学习哲学的理由大致可以归纳为以下4点：

①正确地洞悉现状。

②学习批判性思考的窍门。

③制定行程安排表。

④避免重蹈覆辙。

接下来我逐一进行说明。

正确地洞悉现状

"……好主意呀！你怎么想出来的？"

在我和客户开会的时候，经常会听到有人给我这样的评价。当问题的轮廓总描绘不清，或者对于出现问题的原因总理不出头绪，而会议已经超时，我就会说出一句："这个问题会不会是因为这样的事情导致的呢？"然后大家茅塞顿开，觉得整个世界豁然开朗，这时候就会有人对我说出那句评价。客户们大都展露出一种微妙的，好像有点愕然又有点喜悦的表情。

这种情况下，基本上不可能是我在脑袋里从零开始组织思考的。那我都在干什么呢？其实我就是在把哲学或者心理学或者经济学的概念，套用在当前的情况中来进行思考。本书将要介绍的 50 个哲学与思想的核心概念，就是从我自身的咨询行业的经验中精心挑选出来的，能让人觉得"知道这个真是太好了"的一些理念。换句话说就是，对人们在职场上披荆斩棘非常有效的一些理念。

学习哲学最大的效用在于它能够帮助我们获得许多启迪，以便我们可以深入洞悉此时此刻发生的事情——不言而喻，这也正是大多数经营者或者社会活动家必须面对的最重要的问题。也就是说，通过学习哲学家留下来的核心概念，我们可以获得很大的洞察力，来帮助我们回答此时此刻正在发生什么的问题。可能举个实际的例子才好理解。

现在世界各地正在掀起教育改革的浪潮。芬兰的改革最为有名，比如停止按照学年不同和编制不同的课程计划、停止按照不同学科进行教学等改革趋势。对在日本长大的我们而言，提到学校的课程，我们脑海中想象的画面总是相同年龄的孩子们坐在一个教室里面，同时学习同一个教学科目。因此芬兰采用的这种系统，在我们看来可能是闻所未闻的奇异景象，会把它理解成跟自己习以为常的认知不一样的某种"新的教育体制"。

然而，我们如果运用辩证法的方式进行思考就可以有不同的理解。即并不是"产生了新的教育体制"，而是"古老的教育体制复活了"。

所谓的辩证法，就是当我们把某种观点看作 A，把与之相对的或者矛盾的观点看作 B，然后在不否定任何一种观点的前提下将二者结合，形成一种全新的观点 C，这种思考方式就是辩证思维的方式。这种观点的结合、深化并不是直线型的，而是螺旋状的。所谓的螺旋状就是，从侧面看呈 Z字形上升，而俯视的话则是在做旋转运动。简单说就是"发展"与"复古"两种变化同时发生。

把那些达到一定年龄的孩子们召集在同一场所，按照单位时间去划分让他们学习相同的科目，这种我们习以为常的教育方式，是在明治时代富国强兵政策的指导下，为了能够像工厂流水线一样对大批孩子实施教育而产生。而人类自从诞生以来就一直在给孩子提供教育，教育的历史长达数万年之久。现今教育体系的出现只不过是这个漫长历史中的一瞬间，说起来它才是一种例外的体系。

那么明治维新之前的教育体系是怎样的呢？日本以前的教育是在寺子屋[1]进行的。在寺子屋的教育模式当中，学生的年龄是不尽相同的，学习的科目也各有不同，因此跟目前世界上一些国家中正准备推行的这种新教育体系在方

---

[1] 寺子屋：日本江户时代（1600—1868）寺院所设的私塾。——译者注

向性上比较接近。

也就是说，在我们这些习惯了近代教育体系的人看起来非常"新"的东西，在历史的时间轴上看实际上是"旧"的东西。然而如果只是完完全全地还原了它"旧"的地方，那么时代就单纯地在倒退。所以旧的系统中就需要包含某种发展性的因素。在教育体系中这种"发展性的因素"就是指ICT（信息通信技术），不过关于教育系统发展的话题我想就此告一段落，不再用更大的篇幅来展开解说。

教育体系的话题其实只是一个例子。我们能不能把这种变化的动向看作"旧系统的发展性回归"，主要取决于我们是否知道辩证法的概念，其结果会有很大的不同。

自己眼前正在发生的事情，具体是什么样的运动，接下来会发生什么？为了更加深刻地理解这些问题，以往的哲学家提出的各种各样的思考模式或者概念，会对我们有所帮助。重复一下前文提到的内容，关于"当下正在发生什么，以及接下来会发生什么"的问题，应该是职场人士必须面对的问题当中最为重要的一个。当我们在思考如此重要的问题时，哲学就是那个可以为我们提供多种强有力的工具或者概念的一门学问。

学习批判性思考的窍门

职场人士学习哲学的第二个好处是"学习批判性思考的窍门"这一点。可以说，哲学的历史就是直接反映人们对于过去世界上流行的言论进行批判性思考的历史。关于这一点后文会进行详细的解说。过去的哲学家面对的问题可以分成两种：一种是"世界是靠什么构成的"（What）；另一种是"在这世上我们应该如何生存"（How）。自古希腊以来，迄今为止世界上能够存在如此众多的哲学家的思想和论点，这本书也是一种侧面的佐证，说明对于这两种问题的最"具有决定性的"回答到现在都还没有出现。

哲学家要去面对问题，然后提出自己的答案："应该是这么一回事吧。"如果人们觉得这个答案具有说服力，那么在一段时期内这个答案就会变成世上的"标准答案"而普及开来。然而过了一段时间之后，现实会发生变化，原本的标准答案也会变得有些粗糙和浅陋，变得不再能够清晰地说明现实或者跟现实不能够良好地对应。于是新的哲学家会提出批判，认为"那个回答，可能不对吧"，然后再给出其他的回答。哲学的历史就是像这样"提案→批判→再提案"连续不断地重复而产生的。

那么，为什么这一点对于职场人士很重要呢？那是因为职场也需要大家具备批判性的思考能力。面对变化多端的现实，对于当下的思考方式或者处理方式进行批判性的审视，让自己的处事方式也跟着进行改变。过去曾经很好用的方法，要让它顺应时代的变化而进行改变。在企业经营方面，用英语表达就是"Going Concern（持续经营企业）"。虽然这句话是在说"以永远存续为前提的企业"，但重要的是在面对"环境的变化"时，"企业要永远存续下去"，也就是说，企业必须把"不断变化"当作一种前提来对待。

对于我上述的这些观点，可能有的人会认为"这还用你说，不是理所当然的吗"，对于这样想的人，我想问一句，为什么日本有那么多的企业很难实现这个"理所当然"呢？最重要的一点在于"变化"总是"伴随着否定"。我们需要否定以往一直沿用的想法和行动方式，在此基础上采取新的想法和行动方式。难的不是"开始""新的想法和行动方式"，而是能够批判性地看待"旧的想法和行为方式"，并让它"结束"。我们需要具备的能力是，对于以往能够适用的"想法"，暂时先进行批判性的审视。如果它不再适用当前的现状，无法正确地说明现实情况的话，就需要找出问题出在哪里，并提出新的范式。正是这些事，使得哲学这门学问经久不衰。具体问题的对象肯定是不同的，但是在根据约定俗成的经验解决问题时，我们可以有意识地进行批判性思考，我认为这就是学习哲学的好处之一。

制定行程安排表

所谓的行程安排表就是"课题"的意思。要说为何制定课题很重要，那是因为这是一切创新的起点。如今，许多日本企业将创新作为经营课题的第一要务，但是恕我直言，我认为其中的大多数根本就是在玩名为创新的过家家游戏。我为什么这样说呢？因为大部分情况下它们都没有设定课题。所有的创新都是通过解决社会上存在的重要课题而得以实现的，因此没有课题设定这一创新的灵魂，只是做点门面功夫，专门从外部征集好点子或者将那些点子进行筛选提炼，除了说这是"过家家的游戏"还能说是什么呢？

我在写《如何组建世界上最具创新能力的组织》一书时，对许多社会上公认的"创新人物"进行了采访，于是我发现了他们之中没有一个人创新的初衷是"我来做点什么创新吧"。他们并不是为了"进行创新"而工作，而是带着某种具体的"想要解决的课题"来工作的。社会上的创新陷入停滞已被人叫了很久，但是造成停滞的最大原因不是缺乏点子或者创造性，而是因为压根没有找到想要解决的课题，即行程安排表。

这样说来，设定课题的能力就变得很重要了。那么要怎么做才能提高这种能力呢？关键在于"教养"二字。这么说，是因为想要从眼前已经习惯了的现实中汲取课题，"相对地去看待常识"的能力就是不可或缺的。比如说，只知道日本的风俗习惯和生活文化的人，是很难去思考那些日本的风俗习惯"为什么会是这个样子的"，而如果是一个了解外国的风俗习惯和生活文化的人，就很容易做到这一点。我们常常可以看到一些书籍或者电视节目上有"这里很奇怪哟，日本人"之类的标题。它们的主要内容就是说对于日本人而言习以为常的事情，在外国人看来可能就会很奇怪。被这样指出之后，日本人总是能够有同感，觉得"被你这么一说好像还真的是这样呢"。这样的例子不胜枚举。也就是说，越是拥有更丰富的地理与历史知识的人，就越能从另一角度去看待我们眼前的状况。

所谓的创新，也包含着"目前为止被人当作理所当然的东西今后将会变得不那么理所当然"这个含义。只有当以前被认为理所当然的事情，即所谓的常识遭到质疑的时候才有可能产生创新。

然而另一方面，如果我们怀疑一切"理所当然"，那么日常生活就无法继续下去了。比如我们每天都沉浸在思考为什么交通信号灯是"红灯停，绿灯行"、为什么时钟一定是向右转的这种问题当中，那么我们日常生活的步调应该就会遭到破坏了吧。这类怀疑性的思考体现出来的是对我们经常说的"对常识抱以怀疑的态度"非常肤浅的一种理解。

在有关创新的一些讨论中，经常有人指出要"抛开常识的束缚"或者"对常识抱以怀疑态度"等，但是他们在这样的观点中完全忽略了一点，那就是对于"为什么世界上会出现常识这种东西，且为什么它会如此根深蒂固、难以撼动？"这一观点的洞察力。怀疑常识这个行为实际上也是成本非常高的一件事。另外，为了驱使创新，"对常识持有疑问"又是必需的，因此这里就会产生一个悖论。

从结论上来说，解开这个悖论的关键就只有一个。重要的不是"怀疑常识"的态度，而是拥有甄别的能力，把那些"可以放过的常识"和"应该怀疑的常识"区别开来。而能够给我们带来甄别能力的，就是在时间轴和空间轴上知识的拓展，即"教养"二字。

将自己拥有的知识和眼前的现实进行比较，那些普遍性比较低，即"只在此时此地才能够通用的常识"就会浮出水面。史蒂夫·乔布斯就是因为知道书法之美，才会提出"为什么电脑字体这么丑"的问题；切·格瓦拉也正是因为知道柏拉图所展示的理想国是什么模样，才会提出"为何这个世界如此悲惨"。不要认为眼前的世界"就是那么一回事"就放弃改变并接受现实，而要进行比较和相对地看待这个世界。这样做的话就可以发现自然浮现出来的"没有普遍性的常识"，这正是我们应该怀疑的东西。而教养就是能够帮我们进行甄别的一个镜片，它能让我们聚焦于真正值得怀疑的常识。

避免重蹈覆辙

作为学习哲学的理由之一，最后我想说的是"避免重蹈覆辙"。遗憾的是，我们过去的历史是被悲剧染红的，让人不禁感慨，原来人类可以变得如此邪恶和残忍吗？而且我们不能忘记一点，那就是那样的悲剧，其实正是像我们一样"普通的人们"的愚蠢行为所导致的。

过去的许多哲学家，每当目睹发生在自己生活的时代的悲剧，就会指出我们人类是多么愚蠢，并去思考、交流和书写，告诉人们应该如何克服自己的愚蠢，以防止那样的悲剧重演。所以说，我们人类过去是交了高昂的学费，才从各种各样的失败中获得了经验教训。

因此，我们要去了解过去的哲学家面对什么样的问题，是怎样进行思考的，这对于我们自身而言也有一个好处，即我们可以学到先人付出高昂的学费才得到的教训，避免跟当时的人们一样再犯那些愚蠢的错误。

我认为，我们这些从事一般性业务的职场人士，用心倾听过去的哲学家说了些什么，是有一定的意义的。教室里面挂着的那些哲学家并不能撼动世界。从让－保罗·萨特或者马克思曾经发挥出来的巨大影响力来看的话，我这样说可能有很多人会觉得不太对。但是这就是事实。真正在撼动这个世界的，不是这些伟人，而是实际从事着具体的业务，每天兢兢业业工作的人们，也是此时此刻正在阅读此书的各位读者。那么像我们这种普通人来学习过去的哲学家书写并流传下来的、在人类历史上付出高昂代价才得到的经验教训，其意义之重大，相信大家都能有所体会了吧。

尤其是被称为实务家的那些人，很多都是基于通过个人的体验得到的狭窄的知识来描绘这个世界的。然而我们不能忽视这些抱着自己有限的世界认知的人们所造成的各种各样的社会问题。约翰·梅纳德·凯恩斯在他的著作《就业、利息与货币通论》当中，对于那些大肆宣扬自己的主张，并自得其乐的实务家，有如下的表述：

> 生活在现实中的人，通常自认为能够完全避免知识的影响，其实往往都还是某些已故经济学家的奴隶。

这实在是非常辛辣的点评。

从前人类反复经历过的悲剧，今后我们还会继续经历吗？还是说我们能够让以前付出的高昂学费发挥点作用，作为能发挥更高智慧水平的新时代人类活下去呢？我坚信，这完全取决于我们能从过去的悲剧中获得的经验教训里面学到多少东西。

第 1 部分

没有比哲学更有用的
"工具"了

本书与所谓的哲学入门书的区别

在这世上所谓的哲学入门书籍已经有很多了。如果你在亚马逊上搜索哲学入门书,你就会看到从哲学大咖伯特兰·罗素的《哲学问题》开始,竟然能匹配出上万本哲学书籍。入门书籍就有这么多,其实也说明目前还没有哪本书具有决定性的哲学入门理论。从这个角度来说确实也有写"哲学入门"的必要性。既然已经有这么多的"哲学入门"泛滥于市,如果我写的书与以往的书籍没有决定性差异的话,就没有写的意义了。因此,我想借此机会跟各位聊一聊本书与以往数量庞大的哲学入门书籍有什么区别。

具体来说,本书与类似书籍得以区分开的要点主要有以下3点:

①没有在目录中使用时间轴。

②基于对个人的实用性来书写。

③涵盖哲学之外的领域。

接下来我逐一进行说明。

没有在目录中使用时间轴

几乎所有的哲学入门书籍，都是以时间轴，即以编辑哲学史的时间维度为轴来书写的。

首先从古希腊的普罗泰戈拉或者苏格拉底等开始讲起，经过柏拉图、亚里士多德讲到中世纪。然后经过一段空白期，讲到笛卡儿、斯宾诺莎、莱布尼茨的大陆理性论和洛克、贝克莱、休谟的英国经验主义这两大流派，最后康德把它们进行了整合和整理，到这里告一段落。之后，介绍黑格尔、谢林、费希特的德国观念论，进而转入因研究尼采、弗洛伊德、马克思这三人的思想而形成的克洛德·列维－斯特劳斯的结构主义理论，然后讲到胡塞尔、海德格尔等创立的存在主义、现象学，接着介绍萨特、梅洛·庞蒂、维特根斯坦等近代哲学家，最后以介绍后结构主义的福柯、德勒泽、德里达等哲学家来收尾。稍微更讲究一些的书籍则会在此基础上加上阿伦特或者哈贝马斯、霍克海默尔等哲学家的介绍，最后以"生活在现代的我们应该去面对的问题是什么"之类的话题来结尾。这些就是当前的哲学入门书籍的典型框架。

关于这一点我会在下一节中重新进行详细说明，但是我认为哲学之所以会让入门级读者感到沮丧的原因之一，在于"古希腊的哲学太无聊了"。古希腊的哲学家留下来的思想当中有很多对于我们现代人而言要么就是过于不言自明，要么就是错误的，因此很难找到一个让我们去学习它们的意义或者动力。因此很多读者在这个阶段就想要退缩，没法继续看下去了。当然，如果基于时间轴来写目录的话，就无论如何都得从攀登"希腊哲学这座风景没什么意思的险峻大山"来开始我们的哲学之旅，恐怕这会让更多人感到沮丧吧。因此，本书不会采用"基于时间轴编制目录"的方式。

那么本书采用什么方式来编制目录呢？答案是"根据不同的用途来编制"。哲学家给我们留下了各种各样的哲学概念，我们就将这些概念按照"思考什么问题时比较有效"这样的用途进行区分和整理。

具体来说就是，按照"关于人的核心概念""关于组织的核心概念""关于社会的核心概念""关于思考的核心概念"这四大模块进行整理。

"关于人的核心概念"，能帮助我们对自己和他人的思考方式、行为方式进行更加深入的考察。指出"一切烦恼都是人际关系的烦恼"的是心理学家阿尔弗雷德·阿德勒。的确，我们人生当中产生的问题，大多数都跟"人"交织在一起。既然如此，过去的哲学家不断探索和考察出有关"人的本性"的思想，就一定可以给我们成就更好的人生一些启迪。

"为何我的演讲总是不能把观众逗笑呢？"

亚里士多德如是回答："演讲不仅仅需要逻辑（logos），情感（pathos）和伦理（ethos）也同样很重要。"

"我的运气真不好哇。生在了不景气的时代，公司也不咋地，好没有干劲啊！"

萨特说："你为什么总是一味地逃避，而不积极地参与（engagement）呢？"

19 世纪以来，医学、心理学、脑科学肩负起了解析人类行为的重任，而在那之前，面对"人是什么"这个问题，思考得比谁都要深入、尖锐的，不是别人，正是这些哲学家。他们也曾跟生活在现代的我们一样，会对身边旁若无人的行为举止感到烦恼，会想"这个人为什么会做这样的事情呢？"面对过这种问题的哲学家给我们留下的关于人的思考，不可能对我们没有用处。他们留下来的这些概念，在我们思考围绕着"人"的问题时，会对我们有所启迪。

接下来是"关于组织的核心概念"。这能帮助我们深入理解个人在一个集体组织中的时候会有怎样的行为举止。所谓组织，当然也是由人构成的，但是如果只是将个人的思考方式或行为方式单纯地叠加在一起，是无法预想或者理解组织的行为方式会变成什么样的。把个人聚集在一起形成一个组织，那么这个组织的行为有时候会朝着个人无法预测的方向发展。

"新业务的流程，总是固定不下来啊！"

库尔特·勒温说："导入这个流程之前，是否对它进行过解冻呢？"

"唉，讨论会不够活跃，大家总是在互相察言观色来做决定。"

约翰·穆勒说："放一个魔鬼辩护者进去吧。"

时至今日，应该没有人是可以完全脱离组织独立存活的吧。不管我们是否希望如此，我们在生活中都不得不以某种形式跟组织产生某种关联。因此，学习过去的哲学家对于组织会如何行动、会有怎样的特质等问题的考察结果，是具有很大意义的。

接下来是"关于社会的核心概念"。这能帮助我们更加深入地理解社会是如何成立的、其运转的原理是什么。一般来说，现在我们把研究社会是如何运转的学问称为"社会学"。而大部分哲学家或者思想家留下来的概念，对于我们考察社会行为或者其背后的构造大有裨益。

因为对人进行评价很困难，所以我在想，要不就在公司内部创建一个人才市场，把市场原理活用起来吧。

马克思提醒说："小心哦，这样会产生异化。"

既然机会是平等划分的，贫困就是自己的责任了吧。自作自受而已。

勒纳回答说："你陷入公正世界谬误里了呀。"

从古希腊时期以来，许多哲学家都对"怎样的社会才是理想的"这个问题进行了思考。然而，不用说您也知道，直到现在对于这个问题还没有一个决定性的答案。不，我觉得应该这么说，很明显这个问题本身在"问题设定"上就很有问题。

通往地狱的路往往是由善意铺就的。但若说为了构建更好的世界做出的所有努力都只不过是自欺欺人，那么我们就只会陷入虚无主义。在不丧失构建更美好世界这种理想的前提下，去梦想和实践那样的"理想世界"，就必须同时意识到陷入自以为是与欺瞒的危险性。这应该是非常难的事情吧。正因如此，学习过去哲学家留下来的"关于社会的考察"对于我们来说是非常重要的。

最后是"关于思考的核心概念"。这个在我们深入且尖锐地思考事物的时候能给我们带来突破口。哲学的历史本身就是一部"博大的思考过程的记录"，这一点我已经在之前提过了。哲学的历史简单来说就是关于某个"提案A"，有人提出来说它是错的，并提出了另外的"提案B"来对它加以否定，后来又有人提出"提案C"来否定"提案B"……像这样不断地出现新的提案，不断地否定和被否定的过程就构成了哲学的历史。这个过程中，大部分哲学家会采用一种攻击手法，那就是对于自己要去否定的其他哲学家的考察内容，先指出对方的"思考方式"有问题。换句话说就是，那些看上去好像是对的思考方式，实际上都存在某种陷阱，攻击对方的时候就会说："你呀，掉进那个陷阱了哟。"

"这么简单的事情，为什么对于外国人就行不通呢？"

弗兰西斯·培根回答道："你是被洞窟里的'假象'困住了吧。"

"我的职业目标可是外资系投资银行。跟文学呀、历史呀什么的没有关系。"

克洛德·列维－斯特劳斯回答说："你可别小瞧了'拼装'的力量！"

哲学家这种"脑子很好用的人"都容易掉进陷阱，更何况我们一般人呢。所以说，有关这种"思维的陷阱"的提醒是我们在进行深思熟虑时非常有用的"思维旅途指南"。

基于对个人的实用性来书写

本书与其他哲学入门书籍的第二点区别在于，本书提出来的概念，相对于哲学上的重要性来说，更注重的是对我个人而言的实用性。直白点说，是根据我自身在咨询行业的经验，仅从"是否用得着"这样单纯的判断标准来选取那些对我而言有用的概念编成了此书。

举个例子，不论是什么样的哲学入门书籍，里面一定会有一些哲学家的名字是无论如何都要耗费比较大的篇幅来介绍的。最具代表性的当属笛卡儿、康德和黑格尔这三位。其中由于康德将笛卡儿或者莱布尼茨提倡的大陆理性主义（重视基于抽象的思考进行演绎的流派）和洛克或者休谟提倡的英国经验主义（重视基于具体的经验进行归纳的流派）进行整合，提出了一个综合性的理论，所以往往在哲学入门书籍里有很大的篇幅谈到康德。

然而在本书中完全没有提及康德的思想。理由非常简单，因为对我没什么用处……这么说好像有点不敬，让我这么说吧："因为太伟大了，所以不好意思乱用。"这里其实很有意思，对于事物本身"好"与"坏"的定义，康德认为"应该按照是否能实现目的来进行判断"。比如，假设我们面前有一把菜刀，按照康德的说法，我们评价这把菜刀好与不好，就应该从菜刀的目的——"切菜"进行判断。想不到吧，他的理念竟然是这么理所当然。那么我仿照康德的这个思路，对本书将要列举的这些哲学概念，也按照是否能够帮助我们实现"幸福生活"这个目的来进行判断。

我们人生的追求应该是"快乐地度过属于自己的一生，幸福地生活下去"吧。我想应该没有什么人会反驳这样的目的。可能也有人会说："不对，我可以过得不幸福，但我希望自己能够青史留名。"实际上说这话的人不过是将幸福的定义改成了"自己名垂青史"而已，换汤不换药。

如果我们的目的在于"快乐地度过属于自己的一生，幸福地生活下去"，那么我们学习知识和技能的意义，从极端的角度来看就应该从"是否因此能快乐地生活下去并变得幸福"来进行判断。

原本，哲学应该是我们这些普通人的一种精神指引，教会我们在社会这个巨大的体系里如何作为一个小小的组成部分去活得更好，并为这个社会做出更大的贡献。然而遗憾的是，在日本，以哲学为代表的教养并没有在社会上得到应有的定位和认知。无论是明治时期，还是昭和时期，总之为了尽早追赶上西欧国家，工学或者法学等实用学科得到重视，而本来应该是这些学科的上层构造基础的哲学等教育，直到现在也没有得到应有的重视。

其中最大的原因在于哲学研究人员的怠慢。尽管哲学原本可以作为武器或工具发挥极大的作用，然而他们对哲学实用性的启蒙与说明却不尽如人意。那么他们究竟做了些什么呢？看他们编著出来的有关哲学或者思想的教科书便可以知道。那些书籍有的是一些自以为是地宣扬哲学如何伟大的宣传广告，有的用只有专家才能看得懂的设计图来进行解说，有的则是在写一些只有同行才能领悟的研究有多难之类的诉苦言论，完全没有提及非常重要的一个关键点，那就是"世界上的历史是由普通人一天又一天地书写出来的，对于我们这些普通人而言哲学能带给我们什么样的启迪和警示"。换句话说就是，完全没有"使用哲学的指南"这种东西。

盖房子的时候我们需要用到锤子和锯子。因此大部分人在建造"丰裕的人生"这所房子的时候，也会想要使用各种各样的知识工具来帮忙。然而当人们问那些哲学研究家们要怎样才能用好哲学这个工具的时候，他们只会挑些自己感兴趣的问题来故弄玄虚地说些"这个锤子并没有先天被规定只能拿来打钉子……"，或者是"这个锯子当中的分节概念很宽泛，刨子也应该包含在内……"之类的话来搪塞，最后自作聪明地在同行之间互相吹捧，"哎呀！你前些日子写的论文，那一段写得很好哇！""哪里哪里？你之前的那篇论文，那才是写得好呢！"对于这样的研究人员，不说他们对工作怠慢还能说点什么呢？

所以，话说回来，本书提及的哲学与思想的核心概念，在学术界不一定是重要的。恐怕在热爱哲学或者近代思想的人看来，完全把康德、斯宾诺莎、克尔恺郭尔等哲学家排除在外的哲学入门书是不可原谅的。但对于这样的批评，我不屑一顾。我在此重申，本书说白了不过是我根据职业生涯中有关组织和人才方面的咨询工作和实际生活经验，基于解决问题的实用性写成的书籍而已。

涵盖哲学之外的领域

本书与其他哲学入门书的第三点差异在于，除了硬核的哲学和思想之外，其他的概念也有提及。具体来说包括经济学、文化人类学、心理学、语言学等等。

这并不是本书独有的现象，比如，几乎所有的哲学入门书籍中都出现的结构主义的创始人克洛德·列维－斯特劳斯原本就是一位文化人类学家，因此也许有的人会觉得我没有必要特地把这一点作为与类似书籍的区别来说明。

但我还是认为需要就这一点来进行明确的阐述。原因在于我很害怕本书介绍的 50 个关键概念，被人误认为全部都是"哲学和思想"领域的内容。

我想如果您翻开哲学史教科书的话，一定会发现其中有很多哲学家一开始"并没有把主要精力放在哲学上"。刚才提到的克洛德·列维－斯特劳斯就是其中的代表性人物。他原本的研究方向是文化人类学，后来提出了一些自己的理论，终结了存在主义，可谓改变了哲学历史的一个人物。而这样的人物除了克洛德·列维－斯特劳斯还有很多呢。

我认为这样的事情在其他的学科领域是不怎么会出现，也出现不了的现象。我无法想象一个文化人类学者可以在理论物理学的历史上留下璀璨的足迹，或者说经济学者在生物学的历史上产生重大影响。然而，在哲学和思想的世界里面这样的事情比比皆是。要说为何会发生这样的事情，那是因为某种程度上来说，哲学这门学问，是将所有其他的学问和领域都囊括其中的。举个例子简单说，自古希腊以来，哲学家们一直苦苦思考的问题中有一个是"正确地认识事物这件事是可能的吗"。对于这个问题，尽管在哲学的世界里面起到决定性作用的人物当属笛卡儿或者康德等人，但是最终是由沃纳·海森堡根据不确定性原理和量子力学来从原理上证明了"不可能"这个答案的。反过来想一想，这就是在告诉我们，我们进行思考的时候如果只专注于哲学领域的话，这件事情本身就是非哲学的。

既然哲学的思维方式是让我们引入所有领域里面的发现

或者见识，无拘无束地洞察有关人类、社会以及世界的模样，那么我们如果过于偏向硬核的哲学和思想领域，势必会弊大于利。因此我先在此说明，本书涵盖了其他领域。

为什么哲学会令人感觉读不下去

会把这本书拿起来阅读的人，我想大部分都是那些对哲学有一定的兴趣，但是曾经经历了一些挫折的人吧。在开始本书的正式内容之前，我想就"为什么哲学会让人读不下去，觉得无聊"这个问题，明确指出它的原因所在。因为这一点如果不从结构层面先说清楚，结果也还是让人再次体验挫折罢了。

用两条轴线来整理历史上所有哲学家的理论

首先，本书把历史上所有的哲学家的理论都按照如下两条轴线来进行整理。

①问题的种类分为"What（什么）"和"How（怎么样）"

②学习的种类分为"Process（过程）"和"Output（结果）"

首先让我们按照第一条轴线"问题的种类"来看一看吧。

哲学从古希腊的时代开始，到现在有许许多多的哲学家展开了各种各样的思考，然而历史上所有的哲学，我们都可以整理为是对以下两个问题的努力回应：

①世界是靠什么构成的？（What）

②我们应该如何生存下去？（How）

举个例子，古希腊哲学家德谟克里特就是一个典型的致力于解答"What"的哲学家，他毕生都在思考一个问题，"东西是由什么构成的"；而尼采则是一个典型的致力于回答"How"的哲学家，他一心想着如何超越基督教道德理念的束缚，对于"近代人应该如何生存"这个问题提出了"超人哲学"。

对于"What"的回答，多数是无聊的

那么接下来我们来思考一下"为什么哲学会让人读不下去"这个问题吧。如方才所述，哲学家一直以来思考的问题的种类分为两种：一种是"What"，另一种是"How"。但是以往的哲学家对于"What"的回答，其中的大部分，站在我们现代人的角度看是错误的，或者"虽然对，但是老旧了些"。尤其是古希腊的哲学家对于"What"的回答，到如今基本上被自然科学否定了。举个例子，古希腊的哲学家认为世上所有的物体都是由"火""水""土""空气"这4种元素构成的。但是这种主张对于已经了解"元素"这

种东西的现代人来说明显是错误的。因此，尽管一提到哲学，可能有的人总是感觉它应该是隐藏着某种深奥的真理，但实际上并非如此。

尽管古希腊哲学家对于"What的问题"做出的解答大部分是错误的或者陈旧的，但是面向初学者的哲学教科书通常还是按照年代顺序编纂的，大部分都是以古希腊哲学来开头。读者兴致勃勃地打开一本哲学入门的书籍，发现最初50页的内容在如今的我们看来非常幼稚可笑，或者说完全是错误的。想必任谁都会感到无聊——"我学这东西到底有什么意义？"

我认为，这就是哲学会令人感觉读不下去的重要原因。

重要的是从过程中学习

那么是不是就意味着，古希腊哲学家的论点没有什么值得我们学习的呢？不，事实并非如此。接下来要登场的，就是将哲学家的论点进行整理的第二条轴线，即"学习的种类"。

刚才已经说过，古希腊的哲学家当中大多数都在研究"世界是由什么构成的"这一"What"问题。

那么我们从这些整天思考"What"问题的人们身上到底能够学到点什么呢？这里让我们思考一下"学习的种类"这条轴线吧。我再重申一遍，我们能够通过对哲学家考察学到的东西分为以下两种：

①从过程中学习。

②从结果中学习。

所谓的"过程"就是说那个哲学家是如何进行思考，怎么得出最终结论的整个思考过程，或者一个个问题的设置方式。而"结果"是指那个哲学家论述到最后得出的最终回答或者主张。

用这样的框架来看，古希腊哲学家们提出的"世界由四大元素构成"这个结论就属于"结果"这个分类。要问我们现代人可以从这个结果中学到什么东西，那答案就是最多只能学到一点历史，感慨一下现代人与古希腊哲学家们的认知，还是有很大差别的。

然而，他们观察和思考这个世界的过程，今天的我们也具有巨大的启示作用，以及非常鲜活的且值得学习的东西。

举个例子，在苏格拉底登场之前的古希腊，时间是前 6 世纪左右，有一位名叫阿那克西曼德的哲学家。阿那克西曼德有一天突然对当时处于支配地位的"大地被水支撑着"的定论产生了怀疑。原因非常简单，他认为"如果说大地是被水支撑着的话，那么水必然也需要某种东西支撑着"。嗯，好像确实是这样。

于是阿那克西曼德进一步进行思考。如果说必须要有"某种东西"来支撑水的话，那么也就是一定要有另外的"某种东西"来支撑这一个"某种东西"。阿那克西曼德经过这样一番思考，最终得出了一个推论："如果说非要有一种东西来支撑另一种东西，那么这个问题将会无限循环下去，但是不可能有什么东西是无限存在的，因此只能认为地球并没有被任何东西支撑，即地球是悬浮于宇宙中的。"

阿那克西曼德最终得出的"地球不被任何事物所支撑，而是悬浮于宇宙当中"的这个结论，对于现代的我们来说是一个早已熟知的概念。所以，按照刚才的思路来说，"从结果中学习"不能学到什么新东西。

然而，阿那克西曼德对当时处于支配地位的"大地被水支撑着"这一观点不盲目接受，而是从"如果大地被水支撑着，那么水又是被什么东西支撑着呢"这样的角度开始论证，并坚韧不拔地不断深入思考，这样的求知态度和思考过程，对我们现代人也是具有很大激励作用的。

让我们来总结一下吧。阿那克西曼德的论证过程，对于活在现代的我们来说能学到什么呢？答案是"从过程中学习"。也就是说我们无法从他得到的最终结论中学习到核心知识，这个"从结果中学习"的"结果"，对于我们而言就像吃生鱼片的配菜一样，并不是精华的部分。然而如果我们不去品味他的思考过程，光从"结论上学习"的话，那么就只能了解到一个事实："阿那克西曼德主张地球是悬浮于宇宙当中的。"于是人们只能默默产生一种感想："这么简单的事情还需要他说？"这样一来也难怪人们会产生"我学这玩意儿有什么意义"的想法了。

像阿那克西曼德这样"从过程中可以学到的东西很有用，但是从结果当中能学习的东西却很匮乏"的例子，在哲学家当中还有很多。比如说笛卡儿也是一个典型。笛卡儿留下了一句广为人知的名言——"我思故我在"。这句话的意思就是："我唯一可以确定的事就是我自己思想的存在，因为当我怀疑其他时，我无法同时怀疑我本身的思想。"对于在现代社会过着普通市民生活的我们来说，如果有人突然给我们来这么一句话，大概所有的人都会想一想，然后点点头："嗯，这么一说好像确实是这样。"也就是说，笛卡儿的这个观点站在"从结果中学习"的角度来看，确实不会有非常大的收获。

"我思故我在"并不重要的理由

然而，如果我们站在"从过程中学习"的角度来看的话，笛卡儿的这句话就跟阿那克西曼德的一样，并非一无是处。因为从过程中学习，我们能学到很有用的东西。人称评论界之神的小林秀雄先生就曾说过，笛卡儿的《谈谈方法》就是一部笛卡儿的自传。所谓的自传就是记载了作者本人"是这样产生怀疑，这样进行思考的"过程。这个评价可以说是非常准确。我们只有知道笛卡儿是对什么事情感到烦恼，又是如何进行思考，最终才得出"我思故我在"这个结论的，才能真正开始学习笛卡儿的哲学。然而目前面向初学者的哲学教科书里面有没有关于他思考过程的描述呢？答案是完全没有。尽管描述的程度略有不同，但是几乎所有的教科书当中都是在介绍笛卡儿说过的那句"我思故我在"，用非常简单的语句去盛赞这句话有多么美妙。然而如果我说得严厉一些，我认为这种行为无非就是一种内行人之间的表面恭维而已。

这也是哲学初学者很容易半途而废的一个重要原因。即使是听到一位著名的哲学老师说"这里非常重要"，可是如果自己完全不知道它为何这么重要，最后就会让人产生一种心理，那就是"看来我自己不适合学哲学啊"。这样下去绝对无法唤起做学问所必需的"对知识的兴趣"。

整理一下，初学者之所以对哲学感到读不下去的理由如下：

虽然很想短时间内就学会哲学家们留下来的成果，但是那个成果过于陈旧或者是错误的，因此无法真切感受到"学习的意义"。

初学者一般都希望能够速成，因此老师们也会只挑重点来教，但是其结果是，学习的意义无法被吸收和理解，导致学习的人总是半途而废。正是因为时间不够充裕才会让初学者希望可以速成，但是在这样的学习态度下又学不进去，真的是进退两难。尤其学习古希腊哲学方面非常典型，因此本书不会像其他哲学入门书籍那样按时间轴来编纂，这一点我再次重申一遍。

为了不重蹈覆辙，就需要双方都按捺住想要速成式学习或者教授哲学成果的想法，转而去重点介绍这些哲学主张被提出来的思考过程，或者是用讲故事的方式去阐述哲学家们在面对问题时的态度。本书接下来要介绍的"哲学与思想的50个核心概念"，就是特别筛选出来的，为了让它们能够发挥桥头堡的作用，带着大家体验哲学家们"思考的过程以及面对问题时的态度"。那么就赶紧开始我们的哲学之旅，看看这些核心的哲学概念都是什么吧！

第 2 部分

让知识的战斗力
最大化的 50 个核心概念

第 / **1** / 章

关于"人"的核心概念
——为了思考"为什么这个人要做这样的事"

逻辑、伦理、热情
——仅靠逻辑劝不动人

亚里士多德（Aristole，前384—前322）

古希腊哲学家，柏拉图的弟子。与苏格拉底和柏拉图一起，被人称为"希腊三贤"。他几乎对每个学科都做出了贡献，因此也被人称作"万学之祖"。他给伊斯兰哲学或者中世纪经院哲学，以及近代哲学、伦理学都带来了深远的影响。著作集仅日文译本就有17卷之多，细分为形而上学、伦理学、逻辑学等哲学相关的学科，以及政治学、宇宙学、天文科学、自然科学（物理学）、气象学、博物志学、生物学、诗歌、戏剧以及现代心理学等。

如果我们真的想要去改变一个人的行动，那么"比说服更有力的是信服、比信服更有力的是共鸣"。擅长逻辑思考的咨询师在公司当中陷入苦战，往往是因为他们误以为人是被逻辑驱动的。

那么如何才能让一个人真正信服并开始行动呢？亚里士多德在他的著作《修辞学》中提到，如果想要真正说服一个人去改变他的行动，就需要"Logos（逻辑）""Ethos（伦理道德）"和"Pathos（热情）"这三大要素。

"Logos"在中文中音译为"逻各斯"，英文单词"Logic（逻辑）"就是源自希腊语"Logos"。尽管亚里士多德认为单纯依靠逻辑很难说服一个人，但如果一个人说的话在逻辑上完全是乱七八糟的，也很难让人赞同吧。思想主张在理是说服一个人的重要条件之一。正因如此，亚里士多德才会在他的《修辞学》中花费相当大的篇幅来说明"Logos"。

然而，是不是有了逻辑就能够劝得动人呢？答案是否定的。也就是说逻辑只是一个必要条件而非充分条件。关于这一点，大家想象一下辩论比赛就比较容易理解了。在辩论比赛中只需要想尽办法打败对方就可以了。然而如果在现实社会中一味采用逻辑打压，那么被打败的一方自然会怀恨在心，顶多只能得到一个口服心不服的结果，对方并不会真正全力以赴地去做事情。所以，仅靠逻辑劝不动人。

因此，亚里士多德接下来提出了"Ethos"的概念。Ethos的意思相当于英语当中的"Ethics"，即伦理道德。不论逻辑多么完美，如果在道德层面不积极向上，就无法激起人们心中的潜能。人都是对于道德层面具有正确价值观、被社会上认可价值的东西才愿意投入自己的才能和时间，正因如此，亚里士多德认为抓住这一点才能打动人心。

接下来第三点是"Pathos",即英文中的"Passion(热情)"。只有说话者带着足够的热情去讲述一段话才会让人产生共鸣。我希望大家扪心自问一下,您觉得如果面无表情的坂本龙马当时非常无聊地诉说着维新的重要性,后来还会发生那么波澜壮阔的革新运动吗?或者说,马丁·路德·金当时如果摆着一副"一点干劲都没有"的表情,去发表关于消除种族差别对待的梦想的演讲,您觉得会有感染力吗?相信您一定不会被这样的演讲打动吧。他们正是因为用了Pathos,即"热情"来唤起人们对未来的憧憬,才让世界变成了今天这个模样。

我刚给大家说明了亚里士多德关于"Logos""Ethos"和"Pathos"的内容。但当时有一个人对于这样的想法,即"通过语言去打动一个人"这种"原始想法"持强烈的反对意见,这个人就是亚里士多德的师祖——苏格拉底。在此我给大家介绍一下如果过度沉溺于亚里士多德在《修辞学》中主张的"说话技巧"会有什么样的危险性。

或许这世界上最早注意到领导力中语言重要性的,是亚里士多德的老师——哲学家柏拉图。柏拉图在他的著作《斐德罗篇》里针对领导力中的"语言的影响力"展开了彻底的考察论证。书名中的"斐德罗(Phaedru)"是苏格拉底一个弟子的名字。在《斐德罗篇》中,柏拉图虚构了一场他的师父苏格拉底和其弟子斐德罗之间进行的讨论,对作为领导者必须具备什么样的语言力量展开讨论。

在这场讨论中，处于与亚里士多德所重视的"rhetoric（修辞）"对立位置的是"dialogue（对话）"。非常有意思的是，在《斐德罗篇》中，斐德罗主张的是领导者必须具备"rhetoric（修辞）"的能力，而苏格拉底则认为真正的道路只有一条，那就是"dialogue（对话）"，并据此试图说服斐德罗。为什么苏格拉底会说出这样的话呢？那是因为所谓的"rhetoric（修辞）"说白了就是一种技巧。巧舌如簧地说服一个人去改变他的行动，这种技巧实际上是在蛊惑人心。从这一点看，我们就能理解为什么苏格拉底对亚里士多德的《修辞学》表示强烈反对了。确实，对于我们现代人而言，希特勒那种蛊惑人心的演说就是非常有力的论据。正因如此，苏格拉底才会告诫人们说："身为领导，不能太依赖于修辞，因为修辞并不是获得真理的阳光大道。"然而斐德罗却非常倾慕善于修辞的人，认为那些能言善辩的哲学家或者政治家"好帅气呀"，于是反驳道："修辞也很重要，不是吗？"所以《斐德罗篇》基本就是由这两人之间不断展开的讨论构成的。

这场讨论最后以斐德罗处于下风而结束了。对于我们来说重要的是，我们要了解柏拉图自身也认可修辞具备"让人迷醉，能使人采取行动"的力量。

无须多言，作为组织的领导者来说，有的时候确实也需要让自己的跟随者迷醉，使其充满动力。但是在这样的情况下，领导者是否可以做到在了解修辞危险性的基础上来运用好它呢？且不说对与错的问题，我想大家最好还是要知道修辞这种技巧本身是具有一定的危险性的。亚里士多德这个人，从很多方面来说都像是来给他的师父柏拉图找碴儿的。他的师父或者师祖指出了修辞的危险性，他就用了整整 3 卷的内容，总结出比他师父还要精练的方法论。他们之间的关系就像星球大战中的欧比旺·克诺比与阿纳金·天行者这对师徒一样，也确实有些可悲。

在日本，一般来说学生在学校里没有多少机会可以练习演讲，因此几乎没有什么机会可以学习亚里士多德的《修辞学》。然而欧美社会中的知识阶层把演讲看作能够发挥重要社会作用的技能，因此理所当然地把它当成一种能力来学习。我并不是想要盲目地礼赞欧美教育，我只是认为，站在一个领导者的角度了解一下亚里士多德所说的观点并没有什么坏处。即想要打动一个人，需要的三大要素是"Logos（逻辑）""Ethos（伦理道德）"和"Pathos（热情）"，然而需要注意，过度使用这些技巧会带来一定的危险性。

预定论
——神灵没有说过努力就会有回报

约翰·加尔文（John Calvin，1509—1564）

出身于法国的神学者。与马丁·路德（Martin Luther）和乌利希·慈运理（Ulrich Zwingli）并称为基督教宗教改革初期的领导者。"长老派教会"的创始人。

想必大家也有所了解，16世纪开始的宗教改革，是由德国宗教改革家马丁·路德率先开启的。天主教破门而入，路德被驱逐出帝国，但是由于受到萨克森选帝侯的保护，他进一步深入神学研究。在这之后，路德的教义不仅在德国广受推崇，还蔓延到整个欧洲大陆，引领了脱离罗马天主教的大型宗教改革运动，直接开辟出被人称为"新教"的新流派。"新教"这个词英文写作Protestant，如今已经是一个习以为常的名词，但是这个词原本的意思其实是"提出申诉抗议（Protest）"，如果按照意译来说就是"找碴儿"。那么究竟找的是谁的碴儿呢？答案是当时统治着欧洲思想界的罗马天主教。敢于挑战罗马天主教可以说相当有勇气，在时代的舞台上这种登场的方式可真是够大胆的。

话说回来，当时路德提出的问题对于罗马天主教来说是非常头疼的问题。原本兜售赎罪券是他们的敛财之道，路德的新思想是对赎罪券神学意义的挑战，破坏了他们的切身利益。实际上这个时期关于售卖赎罪券的问题，在罗马天主教内部也有许多神学者认为不妥，但是一方面他们也无法厘清里面的含义，另一方面也是被以教皇为首的掌权者们创造出来的氛围所牵制着，稀里糊涂地跟着一起兜售而已。所以，路德提出的质疑与反抗，某种意义上说就是对着罗马天主教的痛处猛戳的行为。

受到马丁·路德大胆抗议的影响，进一步将这种思想进行凝练，形成了新教派的坚固思想体系的人便是约翰·加尔文。这个思想体系后来成为资本主义和民主主义的基础，在世界史上有着非常大的影响力。

那么，其中的重点是什么呢？想要理解加尔文的思想体系，最关键的在于"预定论（Predestination）"。所谓的预定论就是：

一个人是否能够得到神的救助，是事先就决定好了的，跟这个人在这个世界上是否行善积德完全没有关系。

从一个不信教的人的角度来看，这句话所表达出来的是非常让人吃惊的思想。换句话说就是，当时臭名昭著的赎罪券并不能给人赎罪。事实上，路德当初只是对于赎罪券是否有用提出了质疑，而加尔文的思想不止于此。他首先认为赎罪券肯定是不能让人得到救赎的，然后进一步主张不论是行善积德还是恶行累累，都跟每个人的命运走向没有关系。

这是加尔文独创的思想吗？不是。加尔文只是比路德更彻底地研读了《圣经》的教义而已。所以说预定论在《圣经》中提到过吗？嗯，确实如此。如果我们仔细去阅读《圣经》，就会发现好几处与加尔文的预定论相似的内容。

比如，在《圣经·新约》的《罗马书》第8章第30节中写道："预先所定下的人又召他们来；所召来的人又称他们为义；所称为义的人又叫他们得荣耀。"如果通读《圣经》，我们就能发现到处都有出现诸如"预先定下"之类的词语。如果按照《圣经》教义字面意思通读下去的话，有人会提出"预定论"也就变成了一件理所当然的事情。

有一点我希望大家注意一下，那时认可预定论的教派只是少数派，也就是说把这个当作基督教的普遍性教义来理解是错误的。比如，最大的教派罗马天主教就通过特利腾大公会议正式认定"预定论为异端"。此外，这个思想也完全不被东方正统教会认可；循道宗采用的也是批判预定论的阿民念主义。因此，接下来的阅读过程中，大家把预定论看作以新教为中心的教义即可。

在此我想重新提出一个疑问，如刚才所述，这个教义的本质是破坏利益集团的收益来源，那为什么没有出现进化论中所说的"被淘汰"，而是被接受和被认可，甚至后来成为资本主义或者民主主义的基础呢？

根据预定论的理论，不论一个人是坚定信仰，还是多行善事，都与这个人是否会得到神的救助没有关系。这样的想法跟我们普通人对动机的一般理解有着很大的矛盾之处。如果从报酬与努力的关系来看，一般而言，我们都会认为是由于约定好了报酬，所以才会产生让人努力的动力。但是预定论认为，努力跟结果没有关系，是否能够获得报酬是从一开始就已经定好了的。

与佛教中所说的因果关系相比较，预定论的异常之处就很明显了。佛教中重视因果循环，释迦牟尼祖师便是得世间无常和缘起诸理而成佛的。释迦牟尼把支配全宇宙的因果关系称为"法"。当然了，在释迦牟尼之前"法"便已存在，也就是说与佛祖的出现时间无关，世上早就有绝对的"法"的存在，因而在佛教中说"先法而后佛"。

然而预定论完全颠覆了这个顺序，认为神已经定好了一切，因果循环在此并不适用。所以，新教主义可以说是"先神而后法"的一种思想。对于日本人而言，"因果报应"的思想比较符合大众的认知，这是因为受佛教的影响比较深。这里只想告诉大家一句，新教并不是这么认为的。

我想大家可能会觉得，"如果跟个人的努力没有关系，能得到神的救助的人是一开始就预定好的"，那么在这样的规则之下，人们就不会去努力奋斗，社会也会变得了无生气。那结果真的是这样的吗？

马克斯·韦伯在《新教伦理与资本主义精神》一书中写道："不，完全相反。"加尔文派的预定论促进了资本主义的发展。

想必大家会认为，一旦一个人对是否能够得到救助完全不明确，在现世的善行也毫无意义的话，人们就只可能会陷入一种虚无的思想吧。那么应该是会有人终日沉迷于享乐，过着纵情肆意的生活。但是，从事实上来看，也确实有人选择了这样的生活方式，但是大部分人并不是这样。

韦伯的理论核心在于："人们认为，如果一个人事先被预定了能够得到全能的神的救助，那么这个人一定是一个禁欲般地去执行天命（德语原文为'Beruf'，也有'职业'的意思）并且会取得成功的人吧，那么为了证明'自己才是那个被上帝选为应该得到救助的人类'，因此会激励自己去努力投入工作中。"

如果站在一个被浅薄的合理主义所荼毒的人的角度，可能会认为韦伯的这一主张只是一种诡辩而已。但是，在心理学的世界里面，有一个事情已经得到了明确，那就是"被预告的报酬"会削弱学习动机。这件事情给我们的启示在于，我们的动机并不是单纯地由"努力→回报"这样的因果关系来驱动的。

我想这足以成为一个很好的契机让我们去思考，为什么现在的人事制度在几乎所有的企业里都没有完美地发挥作用，甚至可以说表现非常糟糕？人事考核制度的理念在于"努力的人会获得回报、拿出成果的人会获得回报"，这就是刚才所说的"努力→结果→评价→报酬"的因果逻辑。然而，如果问大家实际上是否如此的话，想必大多数人都会给出否定的答案。现实情况更像在人事考核评价的结果出来之前，会得到晋升的人、能够出人头地的人"早就定好了"一样。在这个基础上，如果说否定了因果关系这一说法的"预定论"在很大程度上促进了资本主义的爆发式发展的话，那么请问，我们究竟为什么要耗费莫大的人力、物力和财力来设计和运用"人事评价标准"呢？我想也许我们该好好重新考虑一下这个问题。

这一节结束时，我想引用哲学家内田树先生的一段话。

自己的努力能够准确地换来相对应的回报。如果世界按照这么简单易懂的体系在运转，人类就会好好工作了。这么认为的人非常多，一些关于雇佣问题的书籍也大都写着相同的内容。但是，我认为这是错误的。如果劳动和报酬准确地按照相对应的数值来体现，人类是不会好好工作的。毕竟结果毫无惊喜可言嘛。

白板说
——没有什么所谓的"天生"，经历不同，人可以成为任何模样

约翰·洛克（John Locke，1632—1704）

英国哲学家，被称为英国经验主义之父。此外，洛克作为政治哲学家也非常有名。洛克在《政府论》等书籍中提出的自由主义的政治思想，为光荣革命提供了正当化的理论依据。其中所展示的有关社会契约或民主人权的思想，对美国独立宣言、法国人权宣言产生了重大的影响。另外，洛克分别在政治学、法学领域对自然权论、社会契约的形成和在经济学领域对古典派经济学的形成也产生了深远的影响。

"白板说"当中的"白板"，来自拉丁语的"tabula rasa"，意思是"什么字都没有写的石板"。"tabula"就是英语"tablet（平板）"这个词的词源。洛克现在是作为创造了英国经验主义的哲学家而广为人知，但其实他在大学

时候学的是医学，曾留下有关解剖学的著作。正如洛克所提倡的"经验论"那样，实际上是基于他自己作为医生接触很多婴幼儿而得到的经验，才提出了刚出生的人内心是"一块什么都没有写的石板，即 tabula rasa（白板）"这个理论。

洛克所得出的结论可以总结如下："不管是针对什么事情或者实际上存在的某种东西，我们的想法，即对这个现实世界的理解，要么是直接通过感官而得到的经验得出的，要么是间接由经验推导出来的。"这样的主张对于我们现代人来说似乎过于理所当然。

我们想要正确理解一个人试图表达什么的时候，相对于看他肯定了什么内容来说，更重要的是看他否定了什么。这一点在哲学上也同样有效。

那么，洛克否定的是什么东西呢？他否定的是两位伟大的前辈哲学家的思想。

其中一位是笛卡儿。笛卡儿认为，一个人对于世界的理解可以通过纯粹的思维和演绎来得到，也就是说不依赖于经验而正确认识世界是可能的。洛克对此进行了明确的否定。

另外一位就是柏拉图。柏拉图认为，对于事物的形态，人天生就会带着前世所获得的知识来识别。洛克对此也进行了明确的否定。也就是说，洛克认为人在出生的时候就是一张白纸，根据人们之后在这张白纸上描绘的经验，才会构建起对现实的知识结构或者拥有理解能力。

在我们现代人看来也许这个思想是理所当然的，但是在洛克提出这个主张的时候，对于当时的社会而言可以说是具有划时代意义的。为什么这么说呢，因为如果说出生的时候任何人的思想都是一张白纸的话，那么人类就没有天生的优劣之分了。不管你是皇亲贵族的兄弟姐妹也好，还是布衣百姓的后代也罢，刚出生的时候并没有优劣之分。个人的素养全凭出生之后的经验而决定。也就是说人是靠教育出来的。这个想法是在法国直接导致了一种新信念的形成，即只要大众都接受教育，那么就能从被奴役的状态中解放出来，获得全员平等的地位。

进一步说，如果我们认为洛克的思想主题是人类可以通过经验和学习掌握任何东西，那么我们就能够认为这在人生当中的任何一个阶段都可以适用。在如今迎来了人类寿命可以达到100岁的时代里，"重新学习"也正在成为重要的讨论点。特别是科技进步日新月异的当今社会，曾经学过的知识变得过时的倾向逐渐显现。从这一点来考虑的话，我们是否能够让自己的经验清零，让脑子回到一种所谓的白板（tabula rasa）的状态去呢？或者说即使能回到白板状态，我们是否能够写进去一些有意义的经验或者知识呢？我想今后这些问题都将成为议论的焦点。

无名怨愤

——你的"酸溜溜"是我的商机

弗里德里希·威廉·尼采（Friedrich Wilhelm Nietzsche，1844—1900）

德国哲学家、古典文献学者。在现代主要作为存在主义的代表性思想家之一而广为人知。他并没有取得博士学位也没有教师资格，但是年仅 24 岁就被聘为巴塞尔大学古典文献学的教授。然而他的处女作《悲剧的诞生》遭到学会的无视，加上健康原因，他辞去了大学的职务。后来一直作为在野的哲学家度过了他的一生。尼采的文章被认为是德语散文的杰作，在德国的国语教科书上经常出现尼采的文章。

如果用一般哲学入门书籍的解说风格来解释这个"无名怨愤（Ressentiment）"的话，就是"处于劣势的人，对于强者抱有的一种嫉妒、怨恨、憎恶、自卑感等混杂在一起的一种感情"。通俗点说就是"酸溜溜的"。但是尼采所说的"无名怨愤"的概念比我们通常所说的"酸溜溜"的范围要更广阔一些，包含了一些"酸溜溜"里面所没有的感情或者行动。

伊索寓言中有一则"酸葡萄"的故事。说的是狐狸找到了一株看上去很好吃的葡萄，但是无论如何都够不着它。于是狐狸说："那个葡萄肯定是酸的，我才不要吃呢。"说完狐狸就走了。这种吃不到葡萄就说葡萄酸的心理可以说是被"无名怨愤"困住的人的典型心理。狐狸对于自己够不着的葡萄，不单是懊恼，而且颠倒了自己的价值判断，说"那个葡萄是酸的"，借此让自己感觉心情舒畅。尼采认为问题就在这一点上。即，我们原本拥有的认知能力和判断能力，有可能会因为无名怨愤而变得扭曲。

抱有无名怨愤情绪的人，为了改善自己的心理状况，会有如下两种反应：

①隶属和服从于让人产生无名怨愤的价值标准。

②颠倒让人产生无名怨愤的价值判断。

这两种反应都是我们做好自己，过好自己丰富多彩的人生道路上的重大阻碍因素。让我们按顺序看一看吧。

首先第一点，困于无名怨愤情绪中的人，会先隶属和服从于产生这种无名怨愤的原因，也就是既有的价值标准，然后试图消除这种情绪。请您试想一下这种场景，自己身边的人都背着名牌包包，唯独自己没有。这时候当然我们也能拒绝购买那种不是自己真正想要的东西，或者说跟自己的生活方式和价值观不相符的东西，然而有不少人都会选择购买相同或者相似的品牌包包来缓解自己心中的无名怨愤。这种现象不仅限于奢侈品包包，在以法拉利为代表的高级车或者以RICHARD MILLE（里查德米尔）为代表的高端手表的世界里，同样也会发生这样的事情。

我们可以认为，这些所谓的高端产品或者品牌商品给市场提供的价值在于消除人们心中的无名怨愤。带着无名怨愤情绪的人为了消除自己内心的这种情绪，就会去购买品牌商品或者高级车来作为自己身份的标志，那么无名怨愤的情绪越严重，市场规格也就会变得越来越高。奢侈品品牌或者高级车几乎每年都会出一些珍藏版或者新车，如果您把它看作"为了让人持续出现无名怨愤"来理解的话应该就豁然开朗了。也就是说，商家不断地把最新的产品投放到市场，就能够让那些拥有旧款商品的人产生无名怨愤。催生无名怨愤并不需要制造成本，只要花点心思就可以要多少有多少。可以无限生产的东西能够带来极高的价值，因此不可能不赚钱。所以尽管在日本已经有这么多的商品到处泛滥，已经达到饱和状态了，那些奢侈品品牌整体来说仍然保持着良好的业绩增长势头，可以说是因为它们专心致志地、巧妙地不断催生人们心中的无名怨愤的结果。

关于"社会差距"这个词，本书其他章节会进一步讨论。现代人的身上有着对平等性极为敏感的传感器，稍微出现一点点的差距，就可能让人产生无名怨愤。然后对于已经产生的无名怨愤，就需要通过"购买标志"来消除这种情绪。于是乎，奢侈品牌或者高级车市场的业绩在日本经济整体低迷的情况下却能够维持增长。

当然，就算以这样的形式持续消除内心的无名怨愤，应该也很难真正过上属于自己的人生。无名怨愤的情绪是由于个人的价值判断隶属于社会上通用的价值判断才产生的。当自己想要什么东西的时候，很重要的一点是要区分这种欲求是基于"真正的自我"的需求，还是由于被他人唤起"无名怨愤"而产生的。

到这里为止，是说明"隶属和服从于让人产生'无名怨愤'的价值标准"的危险性。接下来说一下第二个典型的反应——"颠倒让人产生'无名怨愤'的价值判断"的危险性。尼采把"无名怨愤"看作一种问题也是这个原因。根据尼采的理论，陷入无名怨愤情绪的人，多数情况下并不会拿出勇气或者行动来让事态好转，而是对让人产生无名怨愤的价值标准进行颠覆，或者主张与之相反的价值判断来让自己内心得到满足和畅快。

尼采以基督教为例进行了说明。据尼采所述，在古罗马时代，被罗马帝国所统治的犹太人非常贫穷，他们对于拥有财富和权力的罗马统治者既羡慕又憎恨。然而改变现实太难了，想要比罗马人占优势是非常难的。于是他们为了复仇创造了神的概念。"罗马人非常富有，我们非常贫穷。但是能够去天堂的是我们这种人。因为富裕的人或者有权力的人是被神所厌恶的，他们去不了天堂。"尼采的这番话，就是说犹太人通过创造一种比罗马人更强的名为"神"的虚拟概念，将现实世界的强与弱的标准进行了反转，借此达到心理上的复仇效果。造成无名怨愤的现实原因是他们的劣势，但他们无法通过努力或者挑战来改变，而是对现实价值观进行否定，借此达到自我肯定的一种思维方式。类似的主张在现在的日本也随处可见。

举个例子，"我才不想去什么高级法式餐厅呢，去萨莉亚就足够了。"这句话如果不去深究的话也确实可以代表某些人的个人意见，但是我们不能忽视的一点在于，这种故意颠倒普通人认为的"高级法式餐厅更高端，而萨莉亚属于低档餐厅"的价值观的意图是很明显的。

首先，其实根本不存在什么"高级法式餐厅"这样的饭店名字。我在写这本书的时候打开《米其林美食指南东京2018》看了看，里面介绍了被评为高级法式餐厅的三星级Quintessence 和 Joël Robuchon、二星级的 L'OSIER 和Pierre Gagnaire 等地方。但是如果我们真的去看一看就会知道，这些餐厅提供的菜肴也好氛围也罢，跟我们想象中的大相径庭。当然，也有人会说："Quintessence 是我很喜欢的，但是 Joël Robuchon 就差点意思了……"所以说所谓的高级法式餐厅也并不能作为好与坏的比较标准。

因此，这种名为"高级法式餐厅"的餐厅只存在于想象世界里，只不过是一种抽象性的符号。我们并不能用抽象性的符号与实际存在的餐厅进行比较，来讨论自己究竟"喜欢哪个讨厌哪个"，所以这种比较方式本来就是无稽之谈。但是为什么人们会有这样空虚的主张呢？这是因为内心的无名怨愤在作祟，想要颠覆普通人心中的"高级法式餐厅属于高档餐厅，在那种地方吃饭的人拥有高雅的品位和更好的味觉体验"这种价值观，更直接说是想要颠覆"在高级法式餐厅吃饭的人都是成功人士"这种价值判断。说这种话的人似乎是陶醉于自己没有被泡沫经济的价值观所浸染而显得很崇高，或者说自以为是地认为自己非常酷。但如果真是这样，就好好地说"我没怎么去过高级法式餐厅，不过我觉得萨莉亚也挺好吃的"就行了嘛。再或者简单地说"我挺喜欢吃萨莉亚的"也行呀。没有人会对这种话指手画脚。但是为什么不这么坦诚地说话呢？理由很简单，就是因为这样坦诚和直白地说话无法消除他们内心的无名怨愤。把一个只能作为抽象性符号的"高级法式餐厅"虚拟概念拿出来与实实在在存在着的萨莉亚进行价值比较，并且充分肯定"自己更喜欢后者"，这不正是想要表达自己比起喜欢前者的那些人更具有优越性？这样的心理与尼采所说的第二点"陷入无名怨愤的人会试图颠倒让人产生无名怨愤的价值判断"完全吻合。

关于这一点尼采还提到，那些陷入无名怨愤情绪的人都会有一种倾向，会紧紧抓住任何可以颠覆让人产生无名怨愤情绪的价值判断的提案或者言论。

典型案例之一，就是尼采有句名言"人生的幸运就是保持轻度的贫困"，这是对《圣经》里说的"灵魂贫穷的人有福了"这一说法的诠释。从《圣经》在全世界范围内爆发式地普及这一点看，向怀有无名怨愤情绪的人提议逆转原有的价值观是一种撒手铜也说不定。

我个人也是一个《圣经》爱好者，对于尼采的许多主张都有难以苟同的地方，但是自古以来，包括本书介绍的哲学家们的书籍在内，许多撒手铜般的内容里面其实都包含了对那个时代的主流价值观的颠覆，这一点是不可否认的。我们必须要区分的是，像这种对于"价值判断的逆转"究竟是单纯地基于无名怨愤情绪，还是基于更加崇高的目的而发生的。正因如此，我们必须理解什么是无名怨愤的复杂情绪，以及会唤起这种情绪的言行模式都有哪些。

最后，我想引用本书稍后会详细介绍的哲学家弗兰西斯·培根的一句话结束本节。

最好不要相信那些看起来蔑视财富的人。因为只有那些没有能力获得财富的人才会蔑视财富。这样的人如果都能获得财富，那么世上就没有穷困潦倒的人了。

弗兰西斯·培根《培根随笔》

人格面具
——我们大家都是在戴着面具生活

卡尔·荣格（Carl Gustav Jung，1875—1961）

瑞士精神科医生、心理学家。早期师从弗洛伊德，但是后来与之决裂，独自进行研究，开创了分析心理学（荣格心理学）。荣格的研究不仅对心理学，而且对人类学、考古学、文学、哲学、宗教研究等产生了重大的影响。

所谓的人格（Personality），如果按照原本的定义来解释的话，是指短期之内不会产生很大变化的东西。心理学家荣格从 Personality 这个单词当中，提出了一个 Persona 的心理学概念，指的是人格当中与外界接触的部分。所谓的Persona 原本是指古典剧目中演员所使用的面具，因此中文一般译作"人格面具"。荣格说："所谓的人格面具，就是一个人以怎样的姿态来对外展示自己的工具，是个人与社会集体之间的一种妥协。"也就是说，为了保护真实的自己，而在与外界交流时需要一种面具。但是实际上人们对于妥协的范围并没有明确的意识，往往都是在"到什么程度为止是面具，哪些又是真实的面孔"这两个问题之间不断徘徊的。

法国哑剧大师马塞尔·马索在哑剧领域具有极高的艺术造诣，被人称为"沉默的诗人"。在他的表演中，有一个故事讲的是一个小丑怎么也摘不掉自己脸上的面具。看完这个表演，除了惊叹于马索的演技过于逼真之外，我们都不由得感到后背有些发凉，我想这"戴着的面具摘不下来了"的故事中肯定隐藏着某些本质性的东西。

著名的意大利作曲家莱昂卡瓦洛有一部作品名为《丑角》，这是以意大利真实发生的故事为题材创作的歌剧。由于剧情与生活太过接近，剧中主人公的扮演者无法分清剧情和现实，在表演的过程，怒火中烧忘记了自己是在表演，把同在舞台上表演出轨的妻子的演员杀害了。这与马塞尔·马索的表演正好相反，在本该戴着面具表演的舞台上不小心露出了真实的一面，可见其危险性。

或许，"剧情和现实的界限变得模糊"这一幕会让我们如此动容，可能是因为我们内心当中意识到，自己的身份或者个性实际上是非常脆弱的，很容易被外部环境影响而变得扭曲或者无意识地想要隐藏起来。

我自己也曾经有过一段时间，应当时所在组织的要求戴着与我自己的个性不相符的面具生活。回过头来看，我觉得那并不是一段幸福的时光。与我亲近的人都知道我是一个非常朴实、讨厌阶层或者阶级区分的合理的个人主义者，厌恶那些用根性论或者感情论来粉饰极权主义的人。但是，这样的我，曾经就职过的公司要么追求非常强的阶层意识，采取军队化管理、能彰显男子汉气概的行动；要么是合理地推行根性论和极权主义的公司。要问我能不能不受组织的影响保持自我的行为方式，不得不说确实非常难。

更可怕的一点是，即使有一天出现一些不像自己的言行，我也会对此毫无察觉。有一次回老家，母亲听到我跟一个顾客打电话之后感觉非常吃惊。因为我说话的语气完全不像平时的我，而我自己也对身上出现的这些变化感到惊讶。事到如今再回头想一想，不管是从说话方式还是思维方式看，都好像是在勉强本真的自我戴上一个面具来生活。然而当时在被母亲指出之前我却一点都没有察觉。

话说回来，如果这样看来，您可能会觉得"自己"与"人格面具（Pasona）"的不一致是一件坏事，不过事情并没有这么简单。一个人的人格是有多面性的，在某个场合下戴着的人格面具到了另外的场合就会切换成另一种人格面具，这是人类最真实的表现，也是为了保持自己人格的平衡。人类在某种程度上为了保持内心的舒适，是需要具有多重人格面具的。然而当一种技术问世之后，这一点就变得难以维持了。这个技术就是手机。

人在自己所属的公司或者学校、家庭或者朋友圈，以及自治会等组织或者社区，会有各种各样的立场以及扮演着不同的角色，而这些并不一定是一贯到底的身份。这样的情况下很难（一眼）看出来这个人的性格究竟如何。但是，我们也可以认为，正因为这种身份的多样性，我们的社会才得以成立。

如果我们把一个人的立场或者生活中扮演的角色看作是一个个纵向的格子，那么最好我们不要尝试将这些格子横向穿起来。这些格子既有根据自我的意愿建立起来的，也有的是人生成长过程中自然而然地建立起来的。尽管并不是所有的格子都能被他人所接受，但是我认为某种程度上人们是通过格子所反映的不同侧面来维持自己人格上的平衡的。

不过话说回来，随着手机这种东西的问世，我感觉这种原本独立存在的格子正在被横向串联起来。举个例子，校园欺凌这种事情应该是自古就有的，但是现在这个问题变得越来越严重。我认为其理由是，孩子们无法区分开学校和家庭这两个格子的界限。被欺负的孩子不管在学校里怎么被人欺负，理论上只要回到家就能从物理空间和心理上与学校拉开距离，但是由于手机营造了一种虚拟的横向联系网络，导致被欺负的孩子们内心没法与学校这个"格子"分离开，无法忘却在学校里发生的事情。

这与办公室职员越来越难以区分开自己的家庭、职场和个人这三个人格要素（人格面具）的情况是相类似的。不管你实际上身处何方，拥有怎样的社会角色（比如当地钓鱼俱乐部的干部、夜晚道路上的赛车高手等），作为一个社会成员时的人格面具和作为家庭成员时的人格面具总是会不断切换。这样的话格子之间就能保持良好的界限和平衡，这也是人类自古以来的生存战略。然而手机问世后这种平衡就被打破了，我认为这个问题恐怕比许多人正在思考的问题还要严重得多。

如果按照这个方向发展下去的话，结论会很简单，由于人们无法再用不同格子来切换生活中的各种角色，这些格子就失去了原本的战略性作用，于是一个个格子就会不断被破坏和重建。也就是说人们会逃离那些自己不喜欢的格子或者令自己感觉压力大的格子。这里的"逃离"在后面介绍吉尔·德勒泽提到的"偏执狂与分裂症"的概念时也会提到，在我们重新思考今后的人生战略的时候，"逃离"会是一个很重要的关键词。

逃离自由
——所谓"自由"是伴随着难以忍受的孤独与责任之物

埃里希·弗洛姆（Erich Fromm，1900—1980）

出生于德国的社会心理学家、精神分析和哲学研究者。1933年以后在希特勒执掌政权期间，弗洛姆主要在美国活动。他对弗洛伊德以后的精神分析的见地非常适用于分析社会整体情势。他在著作《逃避自由》中，阐明了法西斯的心理学起源，提出了民主主义社会应该采取什么样的行动的提案。

出生于现代的我们，无条件地认为自由是一种好东西。然而，所谓的自由真的是那么美好的东西吗？埃里希·弗洛姆通过他的著作《逃避自由》很大程度上动摇了我们对于自由的认知。

在有关哲学和思想的名著中，有一些是直接将著作的核心概念作为书名的，而弗洛姆的这本《逃避自由》，我认为和汉娜·阿伦特所著的《艾希曼在耶路撒冷：一份关于平庸的恶的报告》一样可以称为其中的佼佼者。

话说"逃离自由"这句话仔细想想感觉挺奇妙的。我们一般认为想要逃离某种制约或者束缚来获得自由。彼得·方达和丹尼斯·霍珀主演的电影《逍遥骑士》（*Easy Rider*）开场时的经典一幕，主人公将手表扔在路边，好像就是在象征着借此摆脱束缚，开始追逐自由之旅。但是，弗洛姆的书却取名为《逃避自由》。为什么要从自由状态逃离出去呢？弗洛姆是这样思考的：

欧洲的百姓从中世纪以来一直存在的封建制度中解放出来，是16世纪到18世纪的事情，即文艺复兴和宗教改革之后得到了解放；而日本则是经过明治维新才获得了自由。这个过程中伴随着许许多多的牺牲，也就是说这种自由其实是一种非常昂贵的"商品"。那么获得了这种"昂贵的自由"的人们真的就变得幸福了吗？

弗洛姆在思考这个问题时，将目光放在了纳粹德国发生的法西斯运动上。为什么近代人在品尝过了付出高昂代价才获得的"自由的果实"之后，会将它抛弃，却对法西斯提出的极权主义那么狂热呢？尖锐的考察往往来自尖锐的提问。弗洛姆对于这个问题的回答，对我们而言也同样如芒刺在背般尖锐。

因为所谓自由，是伴随着难以忍受的孤独与责任之物。只有当人们一边忍受孤独与职责的束缚，一边寻求可以被称作真正的人性流露的自由，才能构建起对于人类来说的理想型社会。然而，自由所伴随着的孤独与责任让许多人感到疲惫不堪，于是他们抛弃了付出高昂代价才获得的自由，转而倾向于选择法西斯极权主义。这就是弗洛姆的分析总结。

我们尤其需要注意到一点，支持纳粹主义的核心力量来自小商店主、工匠、白领劳动者等底层百姓以及中产阶级。也是现在日本正在推进的"自由的工作方式"理念中主要的对象群体。

弗洛姆还提到了那些逃离自由、选择盲从权威的人们身上共通的性格特征。弗洛姆认为，欢迎纳粹主义的底层百姓和中产阶级，具有一种容易从自由中逃离、摆脱自己身上的重担、更倾向于追求新的依存关系和从属关系的性格特征，并将其命名为"权威主义性格"。根据弗洛姆的理论，具有这种性格的人一方面喜欢服从权威，另一方面又"希望自己变成权威，让其他人服从自己"。也就是说，具有这种性格的人容易对上谄媚，对下摆谱。综上，弗洛姆所说的其实就是，这种权威主义性格才是支持法西斯的根基。

那么，该怎么办才好呢？在《逃避自由》这本书的最后，弗洛姆是这样回答的：为了实现个人的成长和幸福这种人类的理想，重要的事情不是去分裂自己，而是自己要去进行独立思考，去感受，去诉说。此外，最重要的也是不可或缺的一点是，要有勇气和强韧的心理状态去认可自我，充分肯定自己的存在。

话说回来，弗洛姆的考察和见解对于生活在现代的我们而言，能带来什么样的启迪和洞察作用呢？生活在现代的日本人，都把脱离企业或者地域的束缚、能够自由地生活当作绝对的"善"，并把它当作一种从来不曾怀疑的前提，不断施行各种各样的对策。平行职业、工作方式改革、第四次工业革命都是在从中世纪到近代、从近代到现代以来连绵不绝的"自由和解放"这一巨大的矢量方向上的产物。

然而，如果有一天我们真的不再受到组织或者社区的束缚，有了更加自由的立场之后，我们真的就能因此变得更加幸福、活得更加多姿多彩吗？通过弗洛姆的分析，我们可以知道这个问题的答案"取决于是否具有强烈的自我认可与良好的教养"。面对自由所附带着的重担，我们并没有接受过足够好的训练。那么我们是否应该去培育一些能够接受自由所带来的孤独感和沉重的责任感，同时会为了让自己拥有更加像样的人生而不断充实自己的精神力量和知识水平的人呢？可以选择的路有很多条，但是唯一能够确定的是，不管从中选择哪一条路，需要做出选择的人不是过去的人也不是将来的人，而是当下生活中的我们自己。

报酬
——越是不确定的东西，人越容易陷进去

伯尔赫斯·弗雷德里克·斯金纳（Burrhus Frederic Skinner，1904—1990）

美国心理学家，是所谓的行为心理学的创始人。提倡"强化理论"，认为自由意志是一种幻想，人的行为依存于过去的行为结果。

我乘坐电车时放眼望去，发现大概有一半的人都在看手机，根据我的经验来估算，这其中有大概一半的人是在玩社交软件。看到这样的状况，不免让人感慨，难怪报纸、期刊现在卖不动了。然而另一方面，我不禁在想："人们为什么会如此沉迷于社交媒体呢？"我想这个问题的答案会有很多种，这里我们从"大脑的报酬"这个概念来分析看看。

斯纳金是有关报酬机制研究的先驱人物。在大学里学过心理学课程的人，可能听说过伯尔赫斯·弗雷德里克·斯金纳这个名字。他就是那个创造了著名的斯金纳箱的人，通过

按压杠杆投喂食物来研究老鼠将如何采取行动。

斯金纳进行了一个实验，他设置了如下 4 个条件，并观察在什么样的条件下老鼠最容易按下杠杆获取食物。

①不管是否按下杠杆，每间隔一定时间就投喂食物，即固定间隔安排。

②不管是否按下杠杆，不定时地投喂食物，即变动间隔安排。

③每次按下杠杆，必定投喂食物，即固定比率安排。

④按下杠杆时是否投喂食物是不确定的，即变动比率安排。

如果是让您选的话，您认为答案会是哪一种呢？

斯金纳的实验结果显示，老鼠在上述 4 种条件中按下杠杆的次数是按照④→③→②→①的顺序依次递减的。尤其希望大家注意的事情是，比起"③每次按下杠杆，必定投喂食物，即固定比率安排"来说，在"④按下杠杆时是否投喂食物是不确定的，即变动比率安排"这种条件下，好像老鼠得到了某种激励，因此按下的次数更多。这个结果跟我们心目中认为的"报酬应该有的模样"好像很有违和感吧？

这就是人们说的行为强化相关的实验。也就是说，相对于我们确切知道某种行为的报酬是一定可以获得的情况而言，不确定是否可以获得报酬的情况下这种行为的效果更加明显。

反过来说，如果我们把这个实验结果放到人身上来就会发现，"越是不确定的东西，人越容易陷进去"这一心理性倾向在社会的方方面面都能适用。

首先很容易理解的现象就是赌博。不管是拉斯韦加斯的老虎机还是日本的扒金库，都是在不断改变赢钱的概率来给玩家提供报酬的，而深陷其中无法自拔的人一直络绎不绝。

数年前开始成为一种社会问题的 Gacha（扭蛋）游戏，也是依靠"变动比率安排"来提供罕见的扭蛋这种模式进行营销的。这些领域中开发出各种各样服务的人，他们对人性的洞察力之敏锐真的让人有些不寒而栗。

我最后能想到的是诸如推特或者脸书等社交媒体。或许我要说"社交媒体也是一种报酬机制"，可能会有很多人觉得这话听着很有违和感。心想：老虎机或者扒金库是会有金钱或者奖品的报酬，社交媒体能给人什么报酬呢？

社交媒体给人带来的报酬是多巴胺。

很多人有时候回过神来发现，自己一整天都沉浸在推特或脸书里。当看到邮件提醒的时候就忍不住想要看邮件的内容。像这样的行为都可以认为是由于多巴胺的作用造成的。

很长一段时间以来，多巴胺都被认为是一种能让人产生快感的物质。但是最近的研究表明，多巴胺的效果比起让人感觉到快乐，更体现在促进人们想要去追求某些东西、会产生欲望、想要去探索的冲动。多巴胺所驱动的是觉醒、意欲、志向等，其对象不仅限于食物、异性等的物质上的欲求，还包括对于抽象性的概念，即对于好点子或者新发现的渴望。

对了，最近的研究还表明，真正给人快乐感觉的不是多巴胺而是阿片肽。根据肯特·布里奇（Kent Berridge）教授的研究可以得知，这两种物质是相辅相成的，即让人产生欲求的是多巴胺，让人产生快乐的是阿片肽。它们就像控制人的行为的引擎和刹车一样。由于多巴胺产生欲求，将会驱使人去进行某些特定的行动，而阿片肽产生快乐，会让人感到满足而终止这种行动。

这里有一个很重要的点在于，一般来说产生欲求的神经冲动会比产生快乐的神经冲动更加强烈，因此大多数人总是感觉到渴望去追求某种目标而不断采取相应的行动。

产生多巴胺的神经系统，在直面无法预测的事情时就会受到刺激。所谓无法预测的事情就是说像斯金纳箱的第四个实验那种情况。

推特、脸书以及邮件的内容都无法预测。正是由于这些社交媒体的变动比率安排在起作用，人的行为被强化（重复刷新和查看内容）的效果非常明显。

为什么我们会沉迷于社交媒体呢？近年来的心理学理论研究告诉我们，那是因为它们无法预测。

参与其中
——把人生过得像创造艺术作品一样

让－保罗·萨特（Jean-Paul Sartre，1905—1980）

法国哲学家、小说家、剧作家。右眼高度斜视，1973 年原本阅读依赖的左眼也失明了。他是第一个根据个人意愿拒绝接受诺贝尔奖的人。

说到萨特，就要提到"存在主义"。那么什么是"存在主义"呢？在本书的开头我提到过，过去的哲学家面对的问题可以分成两大类：一种是"世界是由什么构成的"（What）；还有一种是"在这世上我们应该如何生存"这种"How"。所谓的存在主义，就属于探讨 "我们应该如何生存"这种问题的哲学理念。

那么，对于这个问题，萨特是怎么回答的呢？答案是"尽情参与其中吧"。这个说法在日语当中读作アンガージュマン，发音听起来像"昂嘎揪茫"，乍一听会让人以为是什么高深莫测的哲学用语，实际上并不是这样。它就来自英文单词"Engagement（日文通常读作エンゲージメント）"。日本人之所以把哲学理念的"参与其中"的发音故意与平时生活中的"参与"区分开，大概是为了表达"参与到与主体相关的事情中并对其进行干预"这样的含义吧。那么，究竟要参与到什么事情中去呢？萨特认为有两个方面很重要。

第一个方面是自己的行为。生活在现代社会的日本人，每个人都有权利去选择和决定自己的行为。因此必须自己对自己负责，决定"做什么"与"不做什么"。本书中已经在介绍埃里希·弗洛姆那个章节中提到"自由的残酷"，而在萨特的存在主义中也同样将自由定位为非常"沉重的东西"。对此萨特表示"人类被判了自由之刑"。

此外，萨特主张我们不仅需要对自己的行为负责，也需要对这个世界负责。这就是"参与其中（Engagement）"的第二个方面，投身于世界的行动中。根据萨特的理论，我们每个人都在用自己的能力和时间，也就是我们的人生来努力实现某种目的，我们生命中发生的所有事情都需要被看作实现那个目的过程中的一部分。

萨特说："一个人的一生中不可能存在什么偶发事件。"对此，萨特举了个战争的例子。很多人会把战争看作自己人生之外发生的事件。但是萨特认为这种想法是错误的。外部的战争必须变成"我的战争"，因为原本"我"有很多种选择，比如投身到反战运动中，或者拒绝服从兵役，等等。然而"我"不那么做，是出于所谓的识时务或者是单纯由于自己的胆怯；"我"也可以因为自主意愿想要保家卫国，而参与这场战争。既然明明有那么多种可能性，你却没有那么做，而是接受了它，那么这就是你的选择。听起来确实挺残酷的，但这就是萨特所说的"人类被判了自由之刑"的含义。

我们总是容易把外在的现实与内在的自己当作两个独立的方面来考虑。但是萨特否定了这样的想法。他认为外在现实是由于我们内在的作用（或者作用的不足）而形成的"现实模样"，因此外在的现实是"我"的一部分，而"我"是外在现实的一部分，两者之间无法彻底分割开。正因如此，把世上的事情都当作自己的事情看待，积极主动地把事情往好的方向发展的这种态度，即"参与其中（Engagement）"是非常重要的。

然而事实究竟如何呢？萨特的这番谏言对于活在现在的我们来说，听起来是有些忠言逆耳的味道的。我们已经充分认识到我们的目标是自己的存在和自由（以及更大的可以选择的范围），然而尽管人们看到了它的价值，但是大部分的人并没有行使自由的权利，而是发挥着循规蹈矩的精神，按照社会或者组织所要求的那样来行动。这就是萨特指出的问题所在。比如我们明明可以自由地选择去什么地方工作，但是很多人还是无法承受这种自由，一味地从就业人气排行榜中挑选名列前茅的公司去应聘。这也可以说是一种典型的循规蹈矩精神。

所谓的成功，有时候意味着我们按照社会或组织的要求行动，并取得让人期待的效果。然而萨特断言"那一点儿也不重要"。他说，所谓的自由，并不是说我们要去获得这个社会或组织认可、符合外界的期待，而是我们能够决定自己做出什么样的选择。

萨特的这个言论，与拙作《美感的力量》中介绍过的现代艺术家约瑟夫·博伊斯(Joseph Beuys)提出的"社会雕塑"的概念是相似的。简单回顾一下吧，我们每一个人都是参与到"世界"这个雕塑作品中来的艺术家，正因如此，我们更应该设想好我们希望把这个世界雕琢成什么模样，在此基础上来度过我们每一天的生活，这就是博伊斯想要给我们传递的信息。而萨特也认为，我们不应该被眼前的组织或者社会上无形的衡量标准所束缚，陷入一种自欺欺人的境地，而应该以一种完全自由的姿态去把自己的人生当作一件艺术作品来雕琢和创造，只有这样，我们才能发现自己身上的无限可能。

平庸之恶
——坏事是由停止思考的"凡人"做出来的

汉娜·阿伦特（Hannah Arendt，1906—1975）

美国思想家、评论家、政治理论家、哲学家。出生于德国，但由于她是犹太人，在纳粹政权成立之后被迫逃亡到巴黎，之后逃到了美国，曾担任芝加哥大学教授。她分析了纳粹等极权主义的历史地位，对现代社会的精神性违纪进行了考察。著作包括《极权主义的起源》《人的条件》《艾希曼在耶路撒冷》等。

在纳粹德国进行的屠杀犹太人的计划中，阿道夫·艾希曼扮演了非常重要的角色，他构建和运营了一个能够"处理"600万人的高效体系。1960年，艾希曼流亡到阿根廷，被以色列情报机构摩萨德秘密逮捕，最终在耶路撒冷接受了审判并被处刑。

据说在逮捕艾希曼的时候很多人都被他的外貌震惊到了，因为他长得实在是太普通了。由于艾希曼的档案上写着他是"纳粹亲卫队的中佐、犹太人虐杀计划的最高指挥官",于是逮捕艾希曼的摩萨德特工就想象他一定是个"冷酷健硕的日耳曼战士"的模样,结果实际上他是身材矮小、看上去略显怯懦的普通人形象。法官对这个看上去怯懦的人宣判了他所犯下的种种重罪。

哲学家汉娜·阿伦特当时在现场旁听了宣判的过程,并写了一本书来描述艾希曼的模样。这本书的主题非常直截了当,就叫作《艾希曼在耶路撒冷》,有意思的是这本书的副标题,叫作"一份关于平庸的恶的报告"。"平庸的恶"……嗯,您不觉得这个副标题有点意思吗?通常来说,我们认为"恶"是"善"的对立面,两者之间的关系如果用正态分布的关系来说就是一个最大值一个最小值,因此应该是位于两个极端的概念才对,然而阿伦特却用了"平庸"这样的字眼。所谓的平庸就是"随处可见、毫无新意"的意思,从正态分布的角度来说应该属于众数或中位数,这跟我们通常认为的对于"恶"的定位有着很大的不同。

阿伦特用这样的表达试图达到的效果是,动摇我们通常以为"恶并不是什么普通之物,而是某种特殊的东西"的这种认知。审判席上,艾希曼表示自己对于犹太民族并没有什么憎恶且对欧洲大陆有什么攻击心,而是单纯地想要在纳粹党中出人头地,他之所以犯下了那么多滔天罪行,只是拼尽全力去执行任务而已。阿伦特旁听了这一审判过程之后,最终总结出了这么一句话:

所谓的恶，就是对体系毫无批判地接受。

并且，阿伦特用了"平庸"二字，是在给我们敲响警钟，这种"对体系毫无批判地接受的恶"是我们当中的任何人都有可能会犯的错。

换句话说就是，通常我们以为"恶"是在主观能动性的驱使下有意而为的，但是阿伦特却认为，也许恶的本质并不是人们有意为之，而是毫无批判地接受之后造成的。

我们都是在一个既定的体系里经营着自己的日常生活，我们在这个体系里工作、玩耍，也在思考。但是要问起我们当中有谁会对这个无形的体系持有批判性的态度，或者说至少能够保持一定的距离站在高处审视我们生活于其中的体系，恐怕大家都甚是心虚吧。

因为包括我自己在内，大多数人相对于去思考现行的体系会带来什么样的弊端来说，更倾向于思考如何找到适用于这个体系的规则，并努力尝试"做到最好"。

然而，当我们回顾历史就会发现，每一个时代都有其主流支配的体系，但是又会被下一个更好的体系所替代，因此世界才会朝着更好的方向不断进化。所以说我们现在的这个社会体系，也许有一天会被更好的体系所替代，难道不是吗？

如果我们这样想，那么极端地说，我们在这世上就有如下两种生存方式：

①把现有的体系当成一回事，在体系中集中精力思考怎样做才能"做得更好"，进而采取行动的一种生存方式。

②不把现有的体系当成一回事，集中精力思考怎样做才能把这个体系变得更好，进而采取行动的一种生存方式。

然而遗憾的是，我想大部分人都会选择上述第一种生存方式。就像您走在街上，看到书店里卖商业书籍的那一个区域就知道，畅销书几乎都是基于第一种观念写的。

这些畅销书大都是在现有的体系中"做得很好、赚了大钱"的人写出来的，因此看了这些书的人如果也采用同样的思维方式或者行动方式，那么这个社会体系本身就会不断得到自我繁殖和自我强化。只不过，当前这个社会体系就这样继续维持下去真的是一件好事吗？

话说回来，我认为汉娜·阿伦特谴责的"平庸之恶"，对于20世纪的政治哲学来说是非常重要的概念。人类历史上史无前例的屠杀惨案，竟然不是与之相匹配的"恶魔"促成的，而是由于停止思考、对体系盲目服从，像一只小仓鼠一样不断往前奋力奔跑的小角色推进的。当初看到这番论调的时候，我本人也是深感震惊的。

正是无比平庸的凡人，才更有可能犯下滔天的恶。也就是说，那些放弃了自我思考的人，都有可能成为艾希曼那样的人。这可能有些细思极恐，但正因如此，人类才更应该彻底看清那样的可能性，不可以停止思考。这就是阿伦特得出的结论。我们既能成魔也能成佛，要将两者区分开来，就只能批判性地思考这个社会体系。

自我实现之人
——完成了自我实现的人，实际上人脉并不广

亚伯拉罕·哈罗德·马斯洛（Abraham Harold Maslow，1908—1970）

美国心理学家。他提倡"人本主义心理学"这一第三代心理学的概念。这介于为了理解精神病理而进行的精神分析心理学和不区分人与动物的行为主义心理学之间。他因提出了人类的欲求是分不同阶段的"人类需求五层次理论"而广为人知。

关于马斯洛的人类需求五层次理论，相信很多人都知道。马斯洛将人类的需求分为 5 个阶段：

第一阶段：生理需要（Physiological needs）

第二阶段：安全需要（Safety needs）

第三阶段：社会需求 / 爱与归属（Social needs/Love and belonging）

第四阶段：尊重需要（Esteem）

第五阶段：自我实现的需要（Self-actualization）

马斯洛的人类需求五层次理论由于浅显易懂、用词贴切，容易得到共鸣，因此可以说得到了广泛而深入的传播与影响。但是实际上并没有实验可以证明这一假说。直到现在似乎也是一个学术性心理学中比较难教的概念。马斯洛自己曾经认为这些需求是分阶段的，在一个阶段的需求得到满足之后，才会产生出下一个阶段的需求，但是后来他又改变了这个想法，可以看出连提出者本人的观点都相当混乱。

确实，我们知道有为数不少的成功人士，在功成名就之后，会陷入滥交或者吸毒之中无法自拔。性欲的需求按照这5个层次框架来说通常应该解释为属于第一阶段的"生理需要"范畴，因此马斯洛当初主张的"需求的顺序是不可逆转地上升的"这个假说，我们稍微思考一下就知道它是错的。可能我这样写，有的人会反驳我说："不，你那个跟马斯洛所说的'生理需求'不是一回事儿。"但是马斯洛自己对于"需求的定义"就模糊不清，而且从时间轴上来说他也一直在摇摆不定，因此我个人认为我们进行这样的讨论并没有多大意义。我在本书的其他章节将会说到一个词叫作"实用主义"，按照这个思路来说，相比于思考什么是正确的马斯洛人类需求五层次理论，更重要的是去思考这个理论在自己的人生中能够起到什么作用吧。

我相信拿起这本书来看的您，已经了解过"人类需求五层次理论"的梗概。因此我在此不再赘述它的概念，而是介绍一下马斯洛的另一个与"自我实现"有关的研究。

马斯洛通过研究那些他认为实现了需求五层次理论中最高层次的"自我实现"这个需求的众多历史人物和当时还健在的爱因斯坦及其他人物的事例，列举出"达成自我实现的人身上共同的 15 个特征"。

① 更有效地认识现实，以及保持更加舒适的关系。

不会基于自己的愿望、欲望、不安、恐惧、乐观主义、悲观主义等进行结果预设，对于未知的东西或者模糊不清的东西不害怕、不震惊，甚至是有点喜欢。

②（对自己、对他人、对自然）宽容。

就像我们无条件地接受大自然的自然状态一样，去接受人性的脆弱、罪恶、软弱、邪恶。

③ 主动、单纯、自然。

自己的行为、思想、冲动等都是出于本心自主自愿。其行为的特征是单纯的、自然的，没有装模作样也没有刻意追求效果的紧张。

④ 以课题为中心。

关心哲学上的、伦理上的基本问题，生活在更大的道德准绳范围内。不会只见树木不见森林。会抱着更宽广、更普遍、以世纪为单位的价值衡量标准来投入工作。

⑤ 超越性——追求私人空间。

即使独处也不会感到受伤或不安。喜欢享受孤独或私人时间。像这样的超越性，站在普通人的角度来看，有时候也可能会被人解释为冷漠、情感欠缺、缺乏友情、具有敌意等。

⑥ 自律性——能从文化与环境中独立思考，明确自己的想法，具有主观能动性。

相对来说，在身处的各种环境中更加独立自主。不需要依靠从外部获得爱或者安全感等来得到心理满足。为了自身的发展与成长，而更加依赖于发挥自身的可能性和潜力。

⑦ 认知永不停止、永远保持新鲜感。

对于人生当中的基本的东西或者事情，可以反复多次去认识和体验，永远保持新鲜感、纯真、敬畏或者喜悦、惊讶。

⑧ 神秘的经历——至高体验。

有着神秘的经历。确信自己曾经经历过某种惊人的、具有重要价值的体验，这种体验可以同时带来惊讶与敬畏。

⑨ 共同社会情感。

面对人类大众，时而愤怒、时而焦虑、时而厌烦，但即使如此内心仍然一视同仁，抱有同情心、仁爱之心，从心里想要帮助整个人类。

⑩ 人际关系。

心胸宽广，拥有很深层次的人际关系。只与少数人有着特别深厚的情感羁绊。这是因为，想要达到自我实现，并与人产生亲密感，需要花费非常长的时间。

⑪ 民主的性格培养。

具有更深远意义的民主思想。与所处的阶级、教育制度、政治信念、人种或肤色无关，只要遇到与自己性格相符的人，对谁都能产生亲近感。

⑫ 手段与目的的区别、善与恶的区别。

拥有非常明确和清晰的伦理道德观念，行正当之事，不做不道德之事。能明确区分什么是手段，什么是目的。比起手段更看重目的。

⑬ 富有哲理性的、非恶意的幽默感。

带着恶意的幽默、充满优越感的幽默、对抗权威的幽默等是没法让人开怀大笑的。他们所具有的是一种富有哲理的幽默感。

⑭ 创造性。

具备特殊的创造性、独创性、发明的才能。这个创造性与健康的儿童的那种天真烂漫，普遍具有的创造性属于同一类。

⑮ 抗拒被文化所束缚。

完成了自我实现的人，用了各种各样的方法在文化中显得游刃有余，但从更深的含义来说，他们是在抵抗被文化所束缚和左右。他们遵从的不是社会的规矩和制度，而是自己的准则。

看到这里，您是不是觉得每一条总结都具有深远的影响，并在内心默默地对照自己是否有这样的属性呢？想必即使没有，这些总结也能让您找到一个契机来躬身自省吧。如果把这些内容逐一进行考察和分析，每一条都能写出一本完整的书了。我想就挑"⑤ 超越性——追求私人空间"和"⑩ 人际关系"这两点说一说吧。看完这两个特征我们能知道，马斯洛认为完成了自我实现的人，给人一种遗世而独立的感觉，也就是所谓的人脉并不广。这跟我们想象中所谓的成功人士的形象好像有相当大的差别。

我们一般会倾向于认为知己或者朋友越多越好。的确，如果朋友或者知己的人数越多，就越容易得到帮助。正因如此，大家都认为脸书上面的好友数量或者推特上面的粉丝数量越多越好。然而马斯洛的考察结果告诉我们，成功人士即"完成了自我实现的人"是更倾向于孤独的，只和非常少的人具有非常深的人际关系。我想马斯洛的这番言论，应该可以为我们去思考现如今通过社交媒体而构成的"浅薄而宽广"的人际关系究竟该何去何从提供一种契机。

其实，古代圣贤中也曾有人说过同样的话。比如，《庄子》中的"山木篇"里就有一句话："君子之交淡如水，小人之交甘若醴。"醴是指像甜酒一样黏糊糊的、甜的饮料。也就是说，庄子认为与那些小人交往，会显得非常黏腻，相反，与君子交往则会像水一样清爽淡薄。

而且，《庄子》中还写了如下两句："君子淡以亲，小人甘以绝。彼无故以合者，则无故以离。"意思是，君子之交由于淡薄所以可以长久，小人之交很甘甜但很快就会结束。如果是无缘无故的亲近，只是由于"想要接近而待在一起"，那么这样的交往一定也会无缘无故地离散。

小人之交由于"是无缘无故的亲近"，因此在这种情况下不存在自立的观点。也就是说彼此之间是相互依存的关系，没有谁能够从中抽离出来，只能彼此黏糊糊地待在一起。心理学上把这种现象称为"依赖共生关系"。

依赖共生这个词原本是在看护病人的现场产生的一个概念，说的是得了酒精依赖症的患者会对同伴有依赖心，而与此同时同伴也会从对患者的照料这一行为中发现自己的存在价值。这种见于看护现场的彼此互相依赖共生的状态就被称作依赖共生关系。这里面有一个很重要的点在于，依赖共生关系中的酒精依赖症患者和他的同伴会在无意识中把酒精依赖症当作维持彼此关系的重要纽带，于是会做出一些阻碍酒精依赖症治愈的行为［心理学上把这种阻碍行为叫作"Enabling（使能）"］，从结果来看，这种行为破坏了患者变得自立的机会等，这体现了伙伴内心埋藏着以自我为中心的特性。

表面上打着"为了他人"的名义，且自己也是从头到脚都自认为是在帮助别人，然而实际上内心埋藏的是对于自我存在价值进行确认的需求。这就是依赖共生关系的本质。

话说回来，我们现在"广泛而淡薄"的人际关系网，不也正是这样吗？我想，马斯洛说完成了自我实现的人与极少数人构建非常深厚的人际关系，也启迪我们，现在已经到了该去重新审视一遍"我们的人际关系网"的时候了。

认知失调
——人是一种为了让自己的行为变得合理化，就会改变自己的意识的生物

费斯汀格（Leon Festinger，1919—1989）

美国心理学家。师从被称为社会心理学之父的库尔特·勒温（Kurt Lewin，1890—1947）。他因提倡认知失调论（cognitive dissonance theory）和社会比较论（social comparison theory）而为人所知。曾在爱奥瓦大学、罗切斯特大学、麻省理工学院、明尼苏达大学、密歇根大学、斯坦福大学授课。

我们通常会认为意识决定行动，但是认知失调理论告诉我们实际上正好相反。由于外部环境影响而引发了某些行为，之后为了和已经发生的行为协调一致，我们会回溯自己的思想，形成一个新的意识。也就是说，费斯汀格的理论认为，人类并不是"合理的生物"，而是事后"使之合理化的生物"。

关于认知失调理论，费斯汀格进行了如下实验。找来实验对象，让他们长时间进行非常无聊的操作，之后告诉他们："实验结束了，今天助理请假了，麻烦你出去的时候叫下一位参加者进来。然后请告诉下一位参加者，这个实验非常有趣。"也就是说，这里要求这个实验对象说谎。真实情况是，下一个参加者是一个托儿，他的任务是确认这个实验对象是否会按照要求去撒谎。最后，实验对象将自己对于操作的印象是有趣还是无聊，填入答题纸，实验就结束了。

在这个过程中，参与实验的人被设定了两种条件：第一种条件的小组中，实验对象可以收到20美元的参与回报；而第二种条件的小组中每个参加者只能获得1美元。那么这个实验的结果到底如何呢？

"操作非常无聊"的认知和"非常有趣"这个谎言是对立的。因此这里就会产生认知上的不协调。已经撒了谎的这个事实是无法否认的，因此为了减轻这种不协调，就只能改变自己"操作非常无聊"的这个认知了。

这种情况下，获得了更高报酬的这一组，他们的不协调程度相对更小。因为他们只要想着，尽管是自己不喜欢的事情，但是为了高回报就做一下吧。然而，当这个报酬很小的时候，就很难将自己撒谎的事情变得正当化，因此反而会促进他们去改变"操作非常无聊"这个认知。

其结果是，与费斯汀格的假说一致，获得低报酬的第二小组回答"过程很快乐"的比例要更高。我们通常容易以为，拜托别人办事情的时候，要给出更高的回报才会让对方愉悦地帮助我们。但是，当我们看完费斯汀格关于认知不协调的实验，我们就知道事情其实并非如此。

为了消除事实与认知之间发生的不协调，人就会去改变认知。这在人际关系中也非常常见。比如，一个女孩子原先不喜欢某个男生，但是那个男生厚脸皮地让女孩子帮忙做这做那，结果女孩竟然喜欢上了那个男生。这也可以看作利用认知失调来实施的小手段，让女生的"不喜欢"这个认知和"帮忙做这做那"的事实之间产生不协调。那么由于"帮忙做这做那"的事实是无法改变的，所以为了消除这种不协调，就只有改变原来"不喜欢"的认知，变成"可能我对对方也稍微有点好感吧"，这样女孩子的心里会更轻松一些。就这样，原本被男生呼来唤去做这做那的女孩子，从最初觉得好烦到后来陷入男生的恋爱圈套，慢慢喜欢上了这个男生。

我们一直相信，自己受到周围的影响，会改变我们自己的想法，然后其结果会产生行动上的改变。人类是有自主意识的存在体，先有意识再有行动，是一种自律型的人类形象。然而，费斯汀格颠覆了这种认知，认为是社会的压力引发了某种行为在先，而后为了让这种行为变得正当化、合理化，人类会去调整自己的意识和情感，使其能够适应这种行为。

服从权威
—— 人在集团当中做某事时，就会变得难以遵从
个人的内心意愿

斯坦利·米尔格拉姆（Stanley Milgram, 1933—1984）
美国社会心理学家。因有关研究服从权威的实验，
即"米尔格拉姆电击实验"而广为人知。被普遍认为
是社会心理学史上重要的人物之一。

一般来说，我们认为人类是具有自由意志的，每个人的
行动都是基于自主意志出发的。但是，事实真的是这样吗？
米尔格拉姆就提出了这样的质疑。在对这个问题进行考察
的时候，让我给大家介绍一下米尔格拉姆进行的社会心理学
史上有名的实验——"米尔格拉姆电击实验"。我想只要是
在教养课程中取得过心理学学分的人都无法忘记这一课的内
容，但是我想大多数人也只是记得关于实验的部分。具体来
说，这个实验是这样进行的：

实验小组在报纸上刊登广告，招募参与者前来协助"关

于学习与记忆的实验"。每一组实验由广告募集而来的两名实验对象和一名身穿白大褂的实验负责人（米尔格拉姆的助手）3人参加。让两位实验对象抽签，一个人扮演"老师"，另一个人扮演"学生"。让抽到学生的人去背诵单词组合，接受考试。学生每答错一题，老师就要用电击的方式对学生进行惩罚。

抽完签定好各自的角色之后，全员一起进入实验室。会议室里面摆着一把电椅，学生将被绑在这把电椅上。学生的两手被固定到电极上，确认身体无法动弹之后，老师就回到最初的那个房间，坐在电击启动装置的前面。这个装置中有30个按钮，从15伏特开始，每个电钮的电压依次增高15伏特。也就是说，如果按下最后一个按钮，那么将会在学生身上流过高达450伏特的高压电流。扮演老师的这名实验对象将在身着白大褂的实验负责人的指示下操作，每当学生答错一题，就必须梯次按下电压递增15伏特的按钮。

实验一开始，学生和老师会通过内线电话进行通话。由于学生时不时就会答错，因此电击的电压就慢慢地上升。到了75伏特的时候，原本还很平静的学生开始发出呻吟。到了120伏特的时候就开始诉苦："好痛！电击太强烈了！"然而实验仍然在继续。不久电压升到了150伏特，学生发出了痛苦的喊叫："我不行了！快放我出去！快停下这个实验！我受不了啦！我拒绝这个实验！救救我呀！"电压升到270伏特的时候，学生开始发出垂死挣扎般的喊声，到了

300伏特的时候就只是喊着说："你再问我问题我也不回答了！快点放我出去！我心脏受不了了！"然后不再回答提问。

面对这种情况，身着白大褂的实验负责人还是一脸平静地指示老师说："你等几秒钟没有听到答案的话，就判断他回答错误，继续给他电击。"于是实验继续往下进行，电压不断往上升。当电压升到345伏特的时候，学生的声音听不到了。明明在那之前每次都会叫喊，但这次却没有反应了。是气绝身亡了吗，还是……？尽管如此，穿白大褂的实验负责人并没有任何宽容，仍然要求老师用更高的电压进行电击。

在这个实验中，扮演学生角色的人是事先就定好的托儿。抽签时动了手脚，保证每次托儿都能抽到学生，而通过广告应聘来的普通人一定会抽到老师的角色。而且不会真正进行电击，只是提前录好了音效，通过内线电话让老师能够听得到而已。但是，实验对象对这一切并不知情，对他们来说，这个过程就是真实发生的现实。在这个过程中，自己可能是在对刚刚见到的一个什么罪都没有的人进行拷问，甚至有可能会杀死对方，这是一个非常残酷的现实。

那么，如果现在正在阅读这本书的您站在实验对象——那个"老师"的立场来看，您觉得自己会在哪个阶段拒绝配合这个实验呢？在米尔格拉姆的实验中，有40名实验对象，其中有65%，即26个人，都对嘶喊着"好痛啊"，最后不再出声的学生，按下了最高450伏特电压那个按钮。怎么想都觉得这是一种不人道的行为，却有那么多人尽管展现出了内心的挣扎或抵抗情绪但还是继续参与实验，将电压增加到了明显会危及生命的程度。

为什么会有这么多人将实验进行到底呢？其中一种可以想到的假说是，实验对象认为"自己只是单纯的命令执行者而已"，把责任转嫁给了那个下命令的白大褂实验负责人。实际上，有许多扮演老师的实验对象在实验中途曾经表现出犹豫或者纠结，但是当他们从白大褂实验负责人那边听说"如果发生什么问题，责任全在大学这边"之后，就接受了这样的情况继续参与实验了。

米尔格拉姆设想，"自己拥有权限，根据自己的意思下手"的程度，会对非人道行为的参与程度产生决定性影响。为了搞清楚自己的假说，他将老师的角色分为两人：一个负责按下按钮，另一个负责判断并回答是正确还是错误并读出电压的数字。在这当中，真正的实验对象的任务就仅仅是"判断回答正确与否、读出给定的电击电压的数字"，也就是说实验当中，实验对象的参与程度比起最初的来说要更低一些。结果如何呢？按下最高的 450 伏特的实验对象，在 40 个人当中有 37 人之多，达到了 97%，米尔格拉姆的假说得到了验证。

这个结果也意味着，反过来如果责任转嫁变得困难的话，那么服从率就会有所下降。比如说将身穿白大褂的实验负责人设置为两名，途中各自发出不一样的指令。在电压达到150伏特的时候，其中一个负责人说："学生这么痛苦，继续下去很危险，实验中止吧！"而另一个负责人则催促说："没关系，继续吧！"在这种情况下，没有一个实验对象继续往下增加电压。因为这时候是否继续实验的决定权完全落在真正的实验对象——扮演老师的这个人身上（而不是那个托儿了），无法进行责任转嫁了。

米尔格拉姆电击实验是20世纪60年代前半段在美国实施的。到20世纪80年代为止，在许多国家都相继进行了相同的实验。得到的结果是服从率比米尔格拉姆的实验结果还要高。也就是说，这个实验结果反映的并不是美国所特有的国民属性或者依存于那个时代的社会状况，它反映的是人类普遍的一种特质。

米尔格拉姆电击实验的结果给了我们许多启迪。其中一个便是官僚制度的问题。

说到官僚制度，很多人容易想到的是政府等机关采用的组织制度。但是如果我们将官僚制度定义看作身居高位的人身后配备了树状图排列的人员，根据一定的权限和规则执行实际任务，那么今天的社会组织就基本上是靠着官僚制度在运营的。在米尔格拉姆的实验中，做坏事的主体的责任越模糊不清，人就越容易将责任转嫁给他人，自己的自制力或者良心的作用就会减弱。这个问题比较麻烦，是因为组织越大，成员的良心或者自制力就越难以发挥作用，那么伴随组织臃肿化的坏事规模也会变得肥大化。

其中典型的例子就是大屠杀。在前文已经介绍过的政治哲学家汉娜·阿伦特就曾分析过，纳粹实施的犹太人大屠杀正是由于官僚制度具有"过度的分工体制"的特征才成为可能。阿伦特在20世纪60年代左右提出这个假说，在那之前人们一般从德国的国民性或者纳粹的意识形态寻找掠杀犹太人的真正原因。然而，阿伦特说"那是错误的"。如果将大屠杀归结于纳粹的意识形态所导致，那就是在将责任全部转嫁给以希特勒为首的纳粹指挥官。阿伦特认为不是这样的，德国以外的国民，以及纳粹以外的组织也有可能会再次造成那样的悲剧。

如果只有希特勒等的狂信者指挥官在组织中挥舞旗帜，那么人们就不会死了。真正用手枪或者毒气弹亲手把那些无辜的人们当作虫子一样杀死的，并不是纳粹的指挥官们，而是跟我们一样的普通市民啊。他们的自制力或良心在那个时候为什么没有起到作用呢？阿伦特把目光聚焦到了"分工"这个点上。从制作犹太人的名单到检举、拘留、移送、处刑，操作过程分给了各种各样的人来负责。这样整个体系的责任所在就变得模糊不清，产生了一个转嫁责任的环境。"我就仅仅是制作了名单而已""那时候任何人都提供帮助了呀""我一个人怎么做也改变不了结果""我没有杀人，我就是给他们转送犯人的列车当了司机而已"……策划这一系列操作的主导性人物阿道夫·艾希曼在事后表示，为了让人们免受良心的苛责，他特地精心设计，尽可能地将工作细化，使得责任划分变得不那么明确。这个恶魔的洞察力实在是让人后背发凉。米尔格拉姆的这个实验结果告诉我们，人越是形成一个集团来做什么事情的时候，那个集团里的人们所拥有的良心或者自制力就会越难以发挥作用。现在的日本也时常出现违规的事情，我想正因为我们生活在当下这个时代，我们才更应该思考米尔格拉姆的实验结果带给我们的启迪。

还有一点，米尔格拉姆电击实验也给我们带来了希望之光。大家还记得吗？当象征着权威的"白大褂实验负责人"中间出现了意见分歧的时候，100%的实验对象都在150伏特这样"非常低的阶段"就停止了实验。这个事实告诉我们，只要外界有其他人的意见或者态度是站在自己的良心或者自制力这一边的，哪怕只有一点点，人们就会停止"对权威的服从"，而基于自己的良心或自制力来采取行动。这说明，尽管米尔格拉姆电击实验的结果所展现出来的人类本性是，人在面对权威的时候是脆弱的，但是只要有人对权威提出一点点反对意见，或者稍微支持一下自己的良心、自制力，那么人就可以基于自己的人性来进行判断。我想这是在告诉我们，如果有一天整个社会体系向错误的方向发展，最重要的是一开始要有人勇敢站出来质疑，大声说出"这样做是不对的"。

让我来总结一下吧。在当今这种分工已经成为标准的社会，我们几乎意识不到自己是在做坏事，于是我们很有可能不小心参与到巨大的恶中。许多企业正是因为这样的分工明确，才得以实现隐蔽或者伪装。为了防止这样的事情发生，我们有必要去思考自己投身在一个什么样的体系中，自己身处其中的这个工作站从整个体系的角度来看会对公司带来什么样的影响，然后从俯瞰的角度对整个大的架构进行空间和时间上的全方位思考。在这个基础上如果你认为有必要做出什么改变的话，请拿出勇气大声喊出"这个地方有点奇怪吧"或者"这个地方不对呀"！

心流
——人在什么时候能够最大限度发挥自己的能力并有满足感

米哈里·契克森米哈赖（Mihaly Csikszentmihalyi, 1934—2021）

匈牙利出生的美国心理学家。他在心理学中对于"幸福""创造性""快乐"等方面的研究，为积极心理学的确立发挥了核心作用。2018年他在加利福尼亚州的克莱蒙特研究生院任教，教授心理学及经营学。他因整理和提倡"心流"的概念而为人所知。所谓心流就是，当课题的难易程度与技能水平达到高度平衡的状态下，人们会进入一种恍惚的全身心投入的状态。

人在最大限度地发挥自身潜力、感觉到充实的时候是什么样的状态呢？这是契克森米哈赖在研究的时候不断寻求的"答案"。我相信，现在正有人在思考如何发挥自己的能力让自己感觉充实，或者作为组织的领导者正在想怎么样才能激发团队成员的潜力，让他们感觉到工作的充实感时，也同样会面对这个问题。

契克森米哈赖为了回答这个问题，采用了非常简单的方式。那就是找到一些艺术家或者音乐家等创造性的专家、外科医生或者商业领袖，在体育或者国际象棋领域热爱工作、活跃在最前沿的人们，通通采访一遍。在这些采访对象中，也包括"The Body Shop 美体小铺"的创始人安妮塔·罗迪克（Anita Roddick）和索尼的创始人井深大等人。

在采访中，契克森米哈赖注意到了一件事情，那就是不同领域的高级专家们，在全身心投入工作、进入高潮状态时，作为表现那种状态的词汇当中，他们时不时都会用到一个词叫作"Flow"。契克森米哈赖直接引用了这些专家所使用的这个词汇，总结出了一套假说理论，这就是后来广为人知的"心流理论（Flow theory）"。

契克森米哈赖认为，"心流"状态，也就是沉浸在"自己的世界"里时，会出现如下这些情况。

①在过程的所有阶段都有明确的目标。

与目的不明了的日常生活中出现的琐碎事情相对，在心流状态下永远明确地知道自己应该做什么事情。

②对待行动会有即时的反馈。

处于心流状态的人，会自知能够顺利进展到什么程度。

③挑战与能力相匹配。

正在挑战的事情与自己的能力相匹配，既不会太过简单而感到无聊，也不会太难导致想要放弃，是一种绝妙的平衡状态。

④行为与意识相融合。

完全集中精力在当下正在做的事情上。

⑤会让自己分神的事情统统被意识赶了出去。

沉浸其中，日常生活中的琐事或者烦恼都从意识中被赶了出去。

⑥不会担心失败。

沉浸其中，且正在挑战的事情与自己的能力相匹配，因此不会担心失败。相反如果心头涌起一丝担心，那么这个"心流"就中断了，那种把控全局的感觉就会消失。

⑦自我意识会消失。

由于过于投入自己的行为，不会在乎别人对自己的评价，也不会为此担心。当"心流"结束，相反还会觉得非常满足，感觉自己变得更加强大了。

⑧时间感觉会扭曲。

会忘记时间的流逝，感觉几个小时就像几分钟那么快。或者完全相反，对于运动员等来说，一瞬间也有可能被拉伸得比较长。

⑨活动是为了自己。

不论心流所带来的体验是否有意义，可以纯粹为了体验心流状态下的满足感而去体验。比如艺术、音乐或者体育，即使不是生活的必需品，但是可以为了那份满足感而喜欢。

契克森米哈赖尤其针对"③挑战与能力相匹配"这一点，用下图进行详细说明。

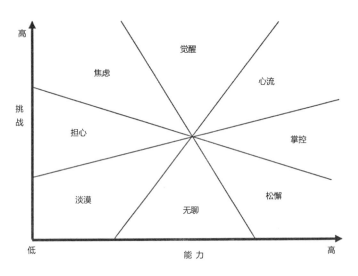

契克森米哈赖认为的"挑战"与"能力"之间的关系

引自《发现心流：日常生活中的最优体验》

想要进入心流状态，就必须在高挑战水平和高技能水平之间取得平衡。也就是说，拥有高技能水平的人，要去挑战一些需要努力才能做到的稍微有点难度的课题，在这个基础上还要能够不受外界干扰，集中精力持续挑战等等，需要满足多个条件才能进入心流状态。

契克森米哈赖的说明中，我认为比较有意思的一点是，上述图表是动态的，随着时间的流逝，"挑战水平"和"技能水平"的关系会逐渐发生变化。比如，即使一开始处于"焦虑不安"的区域，在持续工作的过程中技能水平得到提升，有可能慢慢地经过"觉醒"区域进入"心流"区域。也有可能在"心流"区域内不断地重复做一件事情之后，随着熟练程度的提升，从"心流"区域慢慢进入"掌控"区域。这样的话就会进入所谓的"舒适区"，让身心处于一种比较舒服的状态，当然，这样就无法期望继续进步了。也就是说，自己的技能和任务的难易程度是一个动态的关系，想要持续体验心流状态，那么就有必要主动地去改变两者之间的关系。

契克森米哈赖最初是从"幸福的人生是什么样的"这个问题意识开始走向心理学的道路的，然后由于他取得的成就是提出了"心流"这个概念，因此我们也可以认为处于心流状态就是幸福的条件。只不过，如果要问这世间的实际情况究竟如何，契克森米哈赖遗憾地表示，有太多的人都活在"乏味"的区域中。想要摆脱乏味过上幸福的人生而努力向"心流"区域靠拢时，要注意不论是"技能水平"还是"挑战水平"，都不是一蹴而就的。只能先去提升"挑战水平"，然后投入任务中去慢慢提升自己的"技能水平"。也就是说，想要到达幸福的"心流"区域，就必须要经过那些未必能让自己感到舒适的"担心"和"焦虑不安"的区域，难道不是吗？

被预告的报酬

——会明显损害创造性地解决问题的能力

爱德华·德西（Edward L. Deci，1942—）

美国心理学家，罗切斯特大学教授。他为内在动机所带来的学习动力或创造性方面的研究做出了很大的贡献。

现今，创新对于许多企业来说都是最重要的课题。尽管个人的创造性与创新之间的关系并不那么简单，并不是说个人的创造性提高就能立刻做出创新，但是"个人的创造性"是创新的必要条件中很重要的一部分，这一点毋庸置疑。那么，我们能否从外部来提升个人的创造性呢？

为了回答这个问题，让我们先来聊一聊 20 世纪 40—50年代由心理学家卡尔·邓克尔（Karl Duncker）设计的"蜡烛问题"。首先，请看下图，思考一下如何将一根点燃的蜡烛固定在墙壁上，而不让蜡油滴在桌面。

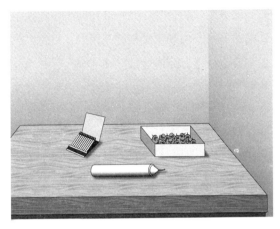

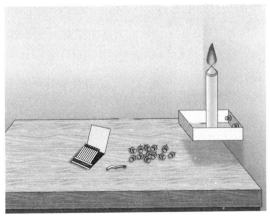

卡尔·邓克尔进行的"蜡烛问题"实验

    大部分回答这个问题的成年人，都能在 7—9 分钟内想出下面那张图的方式来解答。

也就是说，解答这个题目，就必须要想到将装图钉的这个盒子变成盛放蜡烛的托盘，但是这样的思想转换不是那么容易办到的。一旦我们规定了某种东西的"用途"，人们的意识就很难自由放飞，邓克尔将这个倾向命名为"功能固着"。的确，我们想一想其他的例子也能发现，比如记号笔是在玻璃瓶中盛放着的毛毡中加入有色的挥发油使之渗透进去而制成的，就物理性质来说与酒精灯的原理几乎是一样的。事实上黑暗中的酒精灯起到了很大的照明作用，然而普通人却很难想到这两者之间的用途转换，这也就是邓克尔的蜡烛实验得出的结论。

在邓克尔的实验过去17年之后，纽约大学的山姆·戈拉伯格（Sam Glucksberg）依据这个蜡烛问题来探讨人类若干不同的侧面，得到了一个颇有意思的结果。他在让实验对象回答问题之前，提前跟人约定"最快解答出来的人会得到报酬"，然而结果是答题者想出答案所花费的时间明显地变长了。在1962年实施的实验中，实验结果显示平均耗时比原来长了3—4分钟。也就是说，约定报酬非但没有提升解决创造性难题的能力，反而降低了这个能力。事实上，在教育心理学的世界中还有很多其他的例子显示，报酬，尤其是"被预告的"报酬会显著损害人类创造性地解决问题的能力。有名的例子当属爱德华·德西、科斯特纳、理查德·瑞安一起进行的研究。他们对以往开展的与报酬对于学习所带来的影响相关的128项研究进行了综合分析，得到了如下的结论：无论报酬是伴随着活动的开始、执行还是结果而来的，被预告的报酬会降低人们心中原本出于兴趣而去参与活动的内在动机。德西的研究结果显示，被约定了报酬的实验对象的表现比较差，会在工作过程中尽可能地减少预想得到的精神层面的损失，或者是基于按劳取酬的想法采取行动。也就是说，一旦提前告知报酬，那么人们就不是为了追求创造出高品质的东西而竭尽全力，而是变得想方设法用最少的努力来获取最多的报酬。进一步来说，如果给了他们选择的余地，他们并不会选择那些能够通过执行任务达到提升自己的技能或者知识水平的挑战或者机会，而是会选择能够获得最多报酬的课题任务。

从这些实验结果来看，我们可以看出通常商业世界里面实施的这些薪酬政策，非但没有意义，反而会降低组织的创造性。也就是说"糖果"对于提升组织创造性来说非但没有意义，还可能是"慢性毒药"。

关于报酬与学习之间的关系到现在为止仍然争论不休。比如艾森伯格（Eisenberger）和卡梅隆（Cameron）就主张"报酬会降低内在动机这个警告几乎都是错的"，但是至少德西的"被预告的报酬会降低内在动机"这一论点从20世纪70年代开始陆续经过讨论，可以认为它已经基本算是一个定论了。不过不可思议的一件事情是，在经营学的世界中仍有不少人认为报酬能够提高个人的创造性。比如，曾在哈佛商学院和伦敦商学院执教的加里·哈默尔（Gary Hamel）就曾在有关创新的论文或者著作中时不时提到"非固定薪酬"的效果。

创业家的目标不是成为小人物。创业家的目标在新兴企业的股份上面。

∙∙∙∙∙∙∙∙∙∙∙∙

创新的商业理念与创业家的精力才是技术革命的时代值得依赖的"资本"。提供创意的资本家要求拥有和股东同等的报酬也是理所当然的。他们确实是想要在短时间内取得巨大的成功，但是同时也会要求与自己的贡献相匹配的回报。

∙∙∙∙∙∙∙∙∙∙∙∙

对于那些成功做到在过去的商业行为中从未有过的崭新的创新的员工，那么就必须给他们丰厚的回报。要让员工明确地知道，他们只要去实施这些崭新的创新，公司就一定会给予他们丰厚的回报。

加里·哈默尔《领导革命》

关于薪酬政策的这种理念，哈默尔经常把"安然公司"当作一个"范本"来讲述。哈默尔在《领导革命》中写道："想要培养出经验丰富的技术革命家，企业就必须在决定薪酬的时候抛开领导、职位、上下关系等这些传统观念。实际上安然公司也是如此。该公司里面甚至有助理获得比董事还要高的收入。"

然而，现在我们已经知道，在安然公司或者投资银行所发生的事情，或者是现在的 IT 创业公司发生的事情，正是德西所说的"他们选择工作并非因为这个工作真正有价值，而是选择能够尽快获得高昂回报的工作而已"。安然公司的股价如同火箭般一路飙升是在 21 世纪初的事情，而哈默尔提出上述论点的时间也是在那个时期。但是，在那个时候以德西为首的教育心理学家们关于报酬方面的研究结果已然公开了数十年，至少对于"被预告的报酬"会降低获得报酬的人的创造性或者破坏其健全的动机这一点而言，从各方面来看都已经是一种常识。

然而事实是，这种入门级的人文科学或者社会科学领域的知识，几乎完全没有被活用到经营管理科学领域，而经营管理科学对于企业管理最有发言权，也最能够影响整个社会风气。这一点真的让人在感慨遗憾的同时无比困惑。哈默尔执教的哈佛商学院以及伦敦商学院素来以高昂的学费而闻名，然而被要求支付高昂学费之后，学到的却是在其他领域老早就被判明是错误的知识，想必那些学生们心里也不是滋味吧。

想要让一个人发挥创造性，报酬（特别是被预告的报酬）非但没有效果，反而会破坏个人或组织的创造性。

想要让一个人发挥创造性，给报酬（糖果）会有反作用。那么如果给的是"鞭子"又会如何呢？从结论上来说，这一点从心理学的见解来看似乎也不太利好。本来我们的大脑中有一个计算体系会帮助我们平衡确定的事情与不确定的事情。当我们要去挑战什么的时候，这是不确定的行为，因此为了保持平衡，我们就必须要有某种确定的东西。这里会出现的问题，是一个叫作"安全基地（A Secure Base）"的概念。

在幼儿的成长过程中，当幼儿想要去探索未知的领域，就需要有一个心理上的安全基地。提出这一点的是英国心理学家约翰·鲍比（John Bowlby）。他把幼儿对于父母所展现出来的无法割舍的亲密情感命名为"依恋（attachment）"。鲍比认为，被依恋的父母对于幼儿来说，会形成一个心理上的"安全基地"，正因为有这个"基地"的存在，幼儿才能够在未知的世界里肆意探索。我们把这一点引用过来思考一下，就可以推导出，相对于一旦惨败过一次就被人贴上了不行的标签，无法再在社会上出人头地的思想占据主流的日本社会而言，可以不断跳槽、创业失败后再去挑战就行的想法占据主流的美国社会的"安全基地"要更加坚固。正因如此，美国人才能够像个孩童一般在未知的世界里尽情挑战自我。

也就是说，要想让人发挥创造性去冒险，给"糖果"或者"鞭子"都是没有效果的，必要的是要有一个能够允许人们去挑战的社会风气。更重要的是在那样的风气当中，人们敢于挑战并非出自想要获得"糖果"，也非因为害怕"鞭子"，而是单纯地"自己就想那么做"。

第 / 2 / 章

关于"组织"的核心概念
——为了思考"为什么
组织无法改变"

权术主义

——非道德的行为可以原谅，但仅限于为了更好地统治

尼可罗·马基雅弗利（Niccolò Machiavelli，1469—1527）

意大利人，文艺复兴时期的政治思想家，佛罗伦萨共和国的外交官。在理想主义思想盛行的文艺复兴时期，马基雅弗利提出了现实主义的政治理论，认为应该抛开宗教和道德来考虑政治问题。

受人爱戴的领导和令人畏惧的领导，哪一种才是更优秀的领导？这个问题从人类历史一开始就不断地被无数人探讨。马基雅弗利在他的著作《君主论》中，直言不讳地主张"应该做一个令人畏惧的领导"。所谓的"权术主义（Machiavellism）"就是根据马基雅弗利的名字而命名的，是《君主论》中讲述作为君王该有的行为方式或思考方式时使用的一个词语。那么它的内容究竟是什么呢？简单说就是，

"不管什么样的手段或者非道德的行为，只要是为了增进国家利益的，就都是可以原谅的"。这本书从问世到现在都能给我们足够的冲击感，因为从来没有人敢这么直白露骨地阐述领导者的模样。

虽然不知真假，但是据说拿破仑、斯大林等人在睡前都会在床上看《君主论》。也许对于这些认为"为了实现理想，有点牺牲也是没办法的事情"的集权者来说，这本书是犹如《圣经》般的存在。

上述的内容说起来是非常偏激，但是马基雅弗利提出这样的观点，也是基于当时特定的环境。我们说领导力的时候要考虑当时的情境，也就是说对于"什么样的领导力才是最好的"这个问题，它的答案要根据不同情况或背景而变化。对于马基雅弗利当时的主张也一样，一定要知道当时佛罗伦萨的具体情况再去解读，否则囫囵吞枣是很危险的。

当时佛罗伦萨正在被列强入侵。从1494年查理八世带领法国军队入侵意大利开始，包括西班牙、神圣罗马帝国等在内的外国军队不断入侵挑起战争，而与这些外国军队实力相比，佛罗伦萨的军事实力实在是脆弱到难以抵抗。因此当时作为外交官的马基雅弗利在长达10多年的时间里一直在各个国家和都城游历，为拯救自己的共和国而奋斗。

在这个过程中，马基雅弗利似乎深受恺撒·博尔吉亚（Cesare Borgia）的影响。

恺撒是教皇亚历山大六世的庶子，教皇在意大利北部握有压倒性的权力，因此对于佛罗伦萨来说是最大的敌人。从立场上来看，马基雅弗利应该和恺撒保持距离才对，但是马基雅弗利非常敬佩恺撒的勇气、知性、能力，尤其是他"为了结果而不惜使用无情的手段"的态度，因此希望那些一味地秉承道德、人道主义思想而在战争中完全处于下风的佛罗伦萨的领导者们能好好学一学恺撒的思考方法和行动方式。这就是他执笔写《君主论》的核心出发点。

不知道他的愿望是否达成了。《君主论》被献给了当时实际掌管着佛罗伦萨的美第奇家族的领导人洛伦佐·德·美第奇。现代社会中，咨询公司或者商学院都在给全世界的大企业提供"经营人才的必要条件"的方案，而马基雅弗利的《君主论》也许可以说是世界上最早的一份"关于领导人才的必要条件的提案书"。

有一点必须要注意的是，马基雅弗利并没有说"不论掌权者实施多么非道德的行为都可以被原谅"。这是许多人对于权术主义的一个误解，请多加注意。马基雅弗利只是说："如果为了更好地统治，那么非道德的行为也可以被原谅。"也就是说，只要这个行为的目的是"更好地统治"，那么可以被认可。但是那些只会招人怨恨、危及政权基础的不道德行为是要被当作愚蠢行径进行批判的。

具体说，比如马基雅弗利曾提醒道，作为君王去征服其他国家，"应该快刀斩乱麻、对症下猛药，而不要让人每天在仇恨的痛苦里挣扎"。这一点跟我们现代企业重组时的长痛不如短痛的铁则也是相吻合的。企业需要进行裁员重组时，最好是在初期进行大规模裁员，这样做比分成数次进行小规模裁员效果要好，避免员工多次体验那种痛苦。所以说，马基雅弗利并不是教唆君主去做"不道德"之事，而是劝谏君主"成为外表冷静而内心透彻的合理主义者"，当合理与道德互相冲突时，"请优先考虑合理性"。

在如今的文明社会里谋生的我们，许多人都对权术主义展现出强烈的厌恶和抗拒。但是，我们不能忘记，马基雅弗利的主张是为了劝告在国家存亡的危急关头领导者应该如何做。反过来说，我们应该问自己一个问题，我们日常生活与工作中需要的领导者形象，是能在国家存亡的紧要关头统领全局、保家卫国的人物吗？

如先前所述，所谓的领导力好坏是要根据不同的情境来看的。在某些情况下表现恰当的领导力，到了完全不同的局面中能否继续良好发挥就说不定了。比如，《三国志》中的曹操就是一个这样的典型。曹操在年轻时就聪慧过人、善用权谋，但是由于他过度放浪形骸、品行不佳，因此后世对他的评价并不好。对于这样一个曹操，后汉人物鉴定家许子将（许劭）评价他说："君清平之奸贼，乱世之英雄。"说的就是这种人：在和平时期并不是一个很好的领袖，但在乱世中能很好地发挥他的领导力。

或许对于日本的织田信长也可以用到同样的评价。不管是曹操还是织田信长，都更偏向于冷静透彻的合理主义者，我们也可以认为，他们会形成这种风格的领导力，是因为他们身处的时代背景，是一个没有太多余地去考虑道德或者人道主义的乱世。

所以我认为我们对于权术主义也一样要这样去思考。在500年前的佛罗伦萨提出的这个"领导人才的必要条件"能够超越时空流传至今，这件事本身就意味着马基雅弗利的主张中有一些真正有用的内容。只要是身处领导之位的人想必都遇到过情势所迫而做出不受人欢迎的决断，或者出于无奈让部下受到伤害的情况。即使那样，作为领导者，不管是为了公司也好，其他的组织也好，抑或是家人也罢，只要自己肩负长期繁荣与幸福的重任，那么就一定会遇到某些不得不决断或者果断采取行动的时候。这是权术主义想要表达的内容。身为领导，常常是孤独的，时刻伴随着责任的黑暗面。或许这也正是权力的本质。

魔鬼辩护者
——敢去"刁难别人的人"的重要性

约翰·斯图尔特·穆勒（John Stuart Mill, 1806—1873）

英国政治哲学家、经济学家、逻辑学家。他在政治哲学领域不仅对自由主义、自由意志主义，还对社会民主主义的思潮产生了重大的影响。牛津大学和剑桥大学都曾向他抛去橄榄枝愿意给他提供研究场所，但都被他拒绝了。他选择在东印度公司一边就职一边进行研究和文学创作。与本书中提及的其他许多哲学家一样，穆勒一生都是一位业余的哲学家，从来没有以学者的身份来做专职的哲学家。

所谓的"魔鬼辩护者"，是指敢于对多数派进行批判或反驳的人。这里说的"敢于"是说并非这个人天生就是爱跟大多数人唱反调的讨厌鬼，而是有意识地承担起这种角色的责任。

顺便说一下，"魔鬼辩护者"这个词，并不是这一节当中要介绍的约翰·穆勒造出来的词语，这原本是天主教当中的一个词。在天主教中进行封圣或者宣福的评选环节，敢于指出候选人的缺点，或者质疑那些能够证明他们奇迹的证据的人，就是被正式任命为"魔鬼辩护者"的人。再顺便说一下，这个角色在1983年被教皇约翰·保罗二世给废止了。

那么，为什么这个词语会跟约翰·穆勒产生关联呢？穆勒在他的著作《自由论》中多次提到在实现健全社会的道路上反驳自由的重要性。

> 对于某一个意见，因为它不论经过怎样的反驳都无法被驳倒而认定它是正确的，这是一回事；原本就不允许这个意见被人驳倒而一开始就认定它是正确的，这是另一回事，两者之间有着巨大的差别。
>
> 完全认可他人自由地对我们自己的意见进行反驳和反证，正是我们可以断言自己的意见是自己行为的正确指导方针的绝对条件。并非全知全能的人类，除此之外并没有其他办法可以合理地保证自己是正确的。
>
> 穆勒《自由论》

我想有的朋友看完穆勒的这番话，可能会想起亚当·斯密的"看不见的手"。的确，穆勒执笔写下《自由论》的初衷就是将亚当·斯密的《国富论》中指出的"拒绝经济领域的过度限制"同样运用到政治或者言论领域。

就像在市场原理的作用下价格最终会收敛到一个合适的水平，意见或者言论也一样，通过许多反驳与反证不断交换意见，慢慢地就会留下一些真正优秀的思想。这种想法和保护优秀的意见、排除差劲的意见这种统管式的想法是正好相反的。

现如今，已经有许多实证研究表明，在组织中进行决策时，越是直言不讳地进行意见交换就越能提升决策的质量。而穆勒在150年前就确信了这一点。

此外穆勒指出的这点也涉及"抑制反驳"，即过度压制思想或者信条这件事的危险性。如果说能够经得起许多反驳的言论才是优秀言论的话，那么禁止反驳就会导致"言论的市场原理"无法起作用而陷入功能不全的境地。穆勒在该书中提到，被处刑的苏格拉底或者耶稣现在都被当作历史上的伟人而得到盛赞，他们所留下来的思想或者信条现如今传播如此广泛，这个事实说明某一个时代中被当作"恶"的东西，经过时代的变迁也可能变成"善"的东西。也就是说，这本书告诫我们，某个意见的是与非，不应该由那个时代中精英的统治来决定，而是必须由许多人花费很长的时间、从多个方面进行综合考察才能做出判断。

基于同样的观点，穆勒在这本书的其他章节中，也对于我们现在讨论得热火朝天的"多样性的重要性"这一点留下了意味深长的言论。

当你认为某个人说的话真的非常值得信赖的时候，有没有想过那个人是如何做到的呢？

那是因为他总能够虚心接受别人对自己的意见或者行为的批判；是因为他已经养成了一种习惯，不管什么样的反对意见都能认真倾听，接受他认为正确的部分，并思考别人错误的部分究竟错在哪里，然后尽可能地向他人说明；是因为即使针对同一个主题，要听取各种各样不同的意见，根据每个人对待事物的不同看法对所有的观点进行彻底调查，只有这样的方法才能够完全理解其中的含义。实际上并没有什么圣贤之人是用与此不同的方法来获得智慧的，从知性的本质来说，人类想要变得更加贤明，除此之外并无他法。

穆勒《自由论》

在集团中解决问题的能力，是要看与相似性之间进行权衡的关系的。心理学家欧文·贾尼斯（Irving Janis）收集了许多"高学历的精英会聚一堂，最终做出非常愚蠢的决定"的事例进行研究，比如"猪湾入侵事件""水门事件""越南战争"等，其结果显示，相似性很高的人聚集在一起，决策的品质会明显下降。

除了贾尼斯的研究之外，还有许多组织论的研究同样表明，多样化的意见所带来的认知上的不协调可以提升决策的品质。也就是说，不管在座的人知识水平有多高，如果大家都抱着"相似的意见或者志向"，那么他们的知识生产力的质量就会下降。

这时候需要的角色就是"魔鬼辩护者"。魔鬼辩护者会在多数派的意见逐渐统一的时候，鸡蛋里面挑骨头般地提出刁难。有了这样的刁难，就可以让大家注意到原先被忽视了的问题，从而防止做出空洞或贫乏的决策。

这样的"魔鬼辩护者"有时候能够在极其重大的场面中有效地发挥作用，作为其中一个案例，我给大家介绍一下古巴导弹危机的故事。

当时刚刚迎来任期第二年的肯尼迪总统，从他的弟弟司法部部长罗伯特·肯尼迪口中听到"那个消息"是在 1962 年 10 月 16 日上午 9 点多的时候。所谓的"那个消息"是"根据 CIA 的谍报活动显示，确认苏联正在古巴建设核导弹基地"。

当天上午 11 点 46 分，面对被紧急召集前来的许多美国政府高官，CIA 正式将情况进行了说明。手持地图和指示棒的情报部门专家拿出许多照片，对古巴圣克里斯多附近的荒野地区正在建设导弹基地一事进行了说明。据当时参会人员事后回忆："那时候大家都惊呆了，以至于有些茫然。"所有人做梦都没想到苏联竟然会在美国的家门口布置核导弹。

为了讨论美国方面的应对之策，肯尼迪总统不仅召集了外交和军事方面的专家，还召集了许多背景多样化的人才，比如扑克牌的名手或者对古巴的国情很了解的商人等等，构成了一个后来被人称为"EXCOMM（Executive Committee of the National Security Council，即国家安全委员会）"的会议体制。参加这个会议的成员在这之后的12天内，几乎要不眠不休地连续进行会议讨论。

由于事态非常严重，且给人思考的时间所剩无几，尽管作为美方来说，很明显对古巴正在发生的这件事无法视而不见，然而对于应该采取什么样的行动，却不是那么轻易就能决定下来的。毕竟不管怎么说，万一古巴真的发起核导弹攻击，基本可以确定会有8000万美国人因此丧命。可以说历史上从来没有一次赌局有这么高额的赌注。

对于这个会议体制的协议过程，肯尼迪总统制订了几条规则。

首先，肯尼迪总统自己不会出席这个会议。理由是"在你们这些在安保方面有着丰富知识和经验的专家面前，我不想让自己影响到你们，也为了让你们发言的时候不要对我有什么特殊的顾虑"。结果证明，这是一个非常明智的决定。因为有很多次的事实表明，即使是平时个性非常鲜明的人，一旦参加肯尼迪总统出席的讨论会，那么一定会改变平时的做事风格，揣度总统的意思，用一种不让总统感到刺耳的方式表达自己的意见。

其次总统要求的是，"希望大家在会议过程中忘记平时在行政组织中的身份级别或者开会的流程"。总统禁止各位参会人员站在各自执掌部门的利益角度进行辩论，而是命令每个人都要"以美国的国家利益为第一目标，做一个充满怀疑的多面手"，一改往常那种仅限于在自己的专业领域进行发言、尽量控制自己不去反驳那些比自己更具备专业知识的人的言论的官僚态度，而是以美国的安全保障为前提，全身心地投入问题的探讨中。

接着，总统又命令自己的心腹，司法部部长罗伯特·肯尼迪和总统顾问泰德·索伦森两人扮演"魔鬼辩护者"的角色，要求他们二人找到那些在探讨过程中提出的方案的弱点或者风险，并强硬地提出反驳，对提出方案的人员进行猛攻。

最后，他要求委员会不要只总结出一个方案，而是由不同的小组提出多个方案。

从结果上来看，这些规则让委员会的决策质量有了前所未有的提升。

讨论开始之初，有人提出只能用导弹先发制人。在这个意见的基础上提出隔离或者海上封锁的想法已经是在第一天的傍晚时分。10 月 17 日，国防部部长麦克纳马拉也转为支持海上封锁的方案，参会人员就此分为了先发制人支持派和海上封锁支持派这两大阵营。

海上封锁支持派的论点是这样的。首先，即使到了最后必须诉诸武力，也没有必要一开始就马上动手。其次，根据总参谋部的意见，假设通过先发制人的方式仅仅只是破坏对方的导弹基地，这在战略上来说也是没有意义的。最终还是不得不发展到制订作战计划，对古巴的全部军事设施进行攻击的地步。这样的话就不可避免地会引起全面的战争。如果说和古巴（苏联）之间还有一点点希望能够避免这样的武力冲突的话，就不应该率先进行攻击。

然而支持先发制人这一阵营的意见是这样的。既然导弹已经被运到了古巴，即使实施海上封锁也不太可能实现导弹的拆除，如何才能让导弹基地的建设工作停止，想想都觉得很难。而且，如果用海上封锁的方式让苏联的船只停下来，就意味着在古巴和美国之间的冲突中，直接将苏联纳入对决的阵营。

总参谋部的成员团结一致地将立即采取军事行动这个意见向总统进言。而另一方面罗伯特·肯尼迪和麦克纳马拉等人则支持海上封锁方案。与其说他们确信这是最佳方案，倒不如说是因为他们认为封锁的方式比起武力进攻的方式更加具有灵活性，"能够避免演变为无法挽回的事态的可能性更高"。而且，更重要的是，如果向古巴发起导弹攻击，那势必会造成成千上万的市民无辜牺牲，这怎么都无法让人接受。

10月19日早上，与会人员分成先发制人支持派和海上封锁支持派两个小组，各自向总统提出具体的方案。这个方案除了有作战的内容，还包括总统对全国人民的演讲提纲，之后应该采取的作战行动的内容，针对可能发生的事态的对策等。当天下午，两个小组互相交换方案，在对彼此的方案进行严格审视的基础上，相互进行批评。在这个环节过后，各自的小组接受批评，重新对自己的方案进行整理。

10 月 20 日下午，肯尼迪总统已经得到报告，知道了整个探讨的过程，他选择支持海上封锁的方案。在他下了这个决断之后，还是有一些官僚或者议会的议员激动地向肯尼迪阐述先发制人的必要性。但是肯尼迪总统用如下的评论驳回了所有的反对意见。"只要是为了保护美国的安全，我愿意采取一切可能的措施，但是我不认为有足够正当的理由在一开始就采取比海上封锁更严厉的军事行动。如果美国率先发起战争，那么可以想象如果对方一气之下发射导弹进行反击，将会有数百万美国人因此丧命。这是一个非常大的赌博，作为我个人而言，在没有完全彻底地验证其他所有的可能性之前，我不打算参与这样的赌博。"

如果肯尼迪当初没有决定在委员会当中放入"魔鬼辩护者"，也许我们看不到当今世界的繁荣。现如今，许多大企业中汇集了大批优秀的人才，却时常发生一些令人笑掉大牙的丑闻，我想正因如此，我们才更应该积极地让"魔鬼辩护者"参与到那些重大的决策中。

礼俗社会与法理社会

——过去的日本企业曾经是"村落共同体"

斐迪南·滕尼斯（Ferdinand Tönnies，1855—1936）

德国社会学家。他因提倡在共同体中的"礼俗社会"与"法理社会"的社会进化论而为人所知。积极参与社会改革运动，如参加工会或者职工联合运动，支持芬兰以及爱尔兰的独立运动等。曾经是德国基尔大学的哲学和社会学教授。

"礼俗社会"是指通过地理位置、血缘关系等深刻联系在一起自然建立起来的社区。"法理社会"是因利益或者功能、作用等而结识在一起的人建立起来的社区。原本在德语中分别写作 Gemeinschaft 和 Gesellschaft，在主流翻译中也分别被译为"共同体"和"社会"。

根据滕尼斯的理论，人类社会在走向近代化的过程中，由于地理位置、血缘关系或者友情等深刻联系在一起而自然建立起来的礼俗社会，会逐渐向追求利益或者功能优先的法理社会转变。

　　滕尼斯还认为，社会组织在从礼俗社会向法理社会转变的过程中，人际关系会变得越发疏远。在更重视功能性的法理社会中，社会或者组织会成为一种发挥功能的体系。在那样的集团中个人的权利与义务会被明确化，以往的比较湿润黏性的人际关系，会变成基于利害关系的干巴巴的人际关系。

　　那么，这是真的吗？滕尼斯是在黑格尔之后出生的，与马克思几乎是同时代的人。也许正因如此，人们似乎普遍默认"历史是朝着某个终点不可逆转地前进着的"这句话是正确的。

　　确实，回顾近代以来的日本历史就可发现，实情与滕尼斯预言的一模一样。第二次世界大战前的日本，大多数国民的身份归属的基础是村落共同体，这应该算作礼俗社会。一辈子都不离开出生的地方，大多数人选择子承父业（大部分都是农业），他们一生都不会脱离出生时属地的地缘、血缘所构成的社区，他们的人生一边接受这个社区的制约或者监督，一边接受来自这个社区的扶持与帮助。然而到了战后，尤其是进入高度经济增长期之后，大城市的企业或者店铺需要大量的员工，因此就以所谓的集体就业的形式，离开他们出生的礼俗社会，加入名为企业的另一个社区。那么，这个名为企业的社区是不是滕尼斯原本设想的那种法理社会呢？我觉得不太一样。因为日本企业有三大神器，即"终身雇佣制""年功序列""企业内部工会"。为什么说有了这三个因素经济高度增长时期的企业就不算法理社会呢?

稍微通俗一点来解读一下吧,所谓的终身雇佣制就是公司给员工一种保证,我会照顾你一辈子的,你要对我竭尽忠心好好工作哟;而年功序列说的是,在这个社区里年长者相对于年轻人能得到更多的尊重和重用;最后企业内部工会说的是大家要团结一致,一起守护伙伴们的劳动关系,确保没人被解雇。

这三大神器说白了就是①照顾员工一辈子,②重视年长者,③团结一致保护个人。因此可以说是跟村落共同体的默认前提高度一致的一种互相约束。在这三大神器的基础之上,如果再加上比如说举办运动会这样的活动,或者是在公司住宅楼的屋顶设置供奉故去员工的神龛,那么这些活动就相当于村落共同体时代的盂兰盆舞会,公司住宅楼屋顶的神龛就相当于镇守在村子里的神社。我想,与其说现代日本企业是法理社会,倒不如说这是日渐衰败的村落共同体这种礼俗社会,又以"企业"的形态重新继承下来的一种礼俗社会才更合适。

如果说我们认为法理社会是通过作用、功能而形成的,礼俗社会是基于友爱、血缘关系而形成,除非两者之间有某种形式的重叠,否则很难形成一种生产性与健全性两全的社会。时至今日,至少在很多大企业中这种礼俗社会的构成要素已经完全被打破了,可以想象不久的将来会转变成以美国

116

为模范的完全的法理社会。那么，第二次世界大战前的村落共同体以及高度经济增长期到泡沫期之间的企业，它们所承担起的礼俗社会的要素，今后又将担负起什么样的角色呢?

我个人认为重点在于"社交媒体"与"除了本职工作的第二张名片"吧。

也许会有人批评我，认为我太过乐观与天真吧。但是假如公司或者大家庭的解体是一股不可逆转的时代浪潮，那么人类一定会需要一种可以替代原有体制的新构造。弗里德里希·滕布鲁克（Friedrich Tenbruck）曾经说过："覆盖社会整体的构造一旦解体，那么位于下层的构造单位的自立性就会得到提高。"如果他说的是正确的，那么公司或者大家庭这样的构造解体，从历史的必然性来看，就一定会需要一种构造来起到纽带的作用，形成一个崭新的社会。带着个人希望的一种预测，我觉得也许社交媒体就能发挥这样的作用。

解冻＝混乱＝再冻结
——变革会从"结束习以为常的过去"开始

库尔特·勒温（Kurt Lewin, 1890—1947）

出生于德国的美国心理学家，是"社会心理学"的创始人。他为集团力学（group dynamics）和组织开发领域做出了巨大的贡献。2002年，勒温入围了20世纪论文被引用次数最多的心理学家排行榜。

在组织中，人的行为举止是被什么决定的呢？在库尔特·勒温之前的心理学家，尤其是研究"行动主义"领域的人们认为，决定因素是"环境"。但是，勒温提出了一种假说，认为是"个人与环境的相互作用"决定了组织内部的个人的行为方式。他的这项研究涉及广泛的领域，现在作为"集团力学（group dynamics）"这一心理学概念而被人熟知。

勒温给我们留下了许多与心理学和组织开发相关的关键词，我在这里想要就其中的"解冻＝混乱＝再冻结"这个模块进行说明。

勒温在这个模块中，展示了在实现个人及组织上的变化这件事情上的三个阶段。

第一个阶段是"解冻"。是自己感知必须改变过去的思考和行为方式的阶段。当然，每个人内心原本都有自己对待事物的看法或者想法，对于改变都会有抵触情绪。因此，在这个阶段就需要非常细致周到的准备了。具体说是要沟通到位，要针对"为什么说以往的做法已经不行了呢""变成新的做法之后能改变什么呢"这两个问题让人产生共鸣，而非说服对方。

第二个阶段是"混乱"。以往看待事物的方式或者思考方式，或者制度或流程等变得不再需要的时候，就会伴随着思想的混乱或者痛苦。很多情况不像原定计划中的那么理想。就在这个阶段，类似"看来还是以前的方式更好呀"的声音会悄然而生。因此为了跨过这个阶段，关键在于从主导产生变化的这一方给予充分的实务层面或者精神层面的支持。

第三个阶段叫作"再冻结"。在这个阶段中新的看待事物和思考方式将会得出结晶，变得能够适应新的系统，会让人感觉到更加舒适，再次焕发心中的常态感。在这个阶段中，很重要的一点是要让人真实感觉到，这种正在逐渐根深蒂固的新方式能够在实际运用过程中真正有效果。因此就需要主导产生变化的这一方去公开宣扬这一点，通过对获得进一步的新技能或者新流程的人进行公开表扬等方式，促使他们产生积极向上的态度。

根据勒温的理论，想要改变某种思考模式和行动模式已经固化了的组织，关键步骤就是这三个：解冻＝混乱＝再冻结。但是这里必须要注意的一点是，核心在于"让它结束"。我们想要开始做点什么新的事情的时候，总是习惯思考"如何开始"。大家也都认为这是理所当然的。但是，库尔特·勒温认为，想要开始做什么新的事情的时候，最初应该要做的事情其实是忘记以前的做法，告别过去。

　　持相同观点的还有美国的威廉·布里奇斯（William Bridges），布里奇斯是一位临床心理学家，他用一种叫作集团疗法的治疗方式帮助了许多在人生转折点活得很艰难或者正在渡过难关的人们。布里奇斯把顺利渡过人生难关的步骤总结成三步：终结（结束过去）→中立圈（胡乱、苦恼、茫然失措）→开始（重新开始做某事）。

　　请大家注意，这里也提到变革并不是从"开始"开始，而是从"结束"开始。

　　用布里奇斯的话说，职业或者人生的"转机"并非单纯指"某种事情的开始"，而更多的时候是指"某种事情的结束"。反过来说就是，当"某种事情结束"之后才会有"某种事情的开始"，但是大多数人都把目光聚焦在了"如何开始"上，而没有好好地去面对"究竟是什么东西结束了""需要让什么事情结束呢"这些关于结束的问题。

　　我认为这里就隐藏着许多组织变革总是在中途遭到挫败的原因。如果将经营者与管理人员还有现场人员这三者进行比较，那么大家对于环境变化的展望程度是从经营者开始逐渐变短的。作为经营者至少会考虑到 10 年之后的事情，管理人员最多只考虑 5 年，而现场工作人员就只能看到未来 1 年之内的变化。如果是时刻考虑着 10 年之后的事情的经营者，会为了应对将来可能出现的危机，主动意识到变革的必要性；但是作为管理人员或者现场人员则是看着脚下的路在工作的。因此如果不跟他们进行充分的说明，只一味地宣布"这样下去很危险，我要改变前进的方向以及工作方式"，那么就会导致没有充分的时间"解冻"而快速地冲进了"混乱期"。

同样的道理也适用于"社会的变化"。关于究竟如何评价平成这个时代，我想接下来世人会给出非常多的不同论点。我想说的是，这是一个"未能让昭和成为过去的时代"。我们是在"山顶之上"体验社会到从昭和平移到平成的。平成时代开始于 1989 年 1 月 8 日，而日经平均股价至今没有打破的历史最高值就出现在同一年的 12 月 29 日。当年的上市企业市值世界排行榜中，以排在第一位的日本兴业银行为首，前五名都是日本的企业。时至今日不用多说您也知道，已经没有一家日本企业能够在上市企业市值世界排行榜中挤进前十了。

在这样的状况下，也就是经济层面的的确确是全世界的霸主地位的状况下，接力棒从昭和被转到了平成。然而正如大家所知，之后再也没有达到那时的高峰，整个平成时代日本经济都在下滑。

如果把这个过程比喻成爬山的话，那么我们可以认为，从经济高速增长开始，一直向上爬坡直到山顶位置的过程就是昭和这个时代。在那之后的30年时间，从同一座山的山顶往下走的就是平成这个时代。大多数人好像都认为问题出在平成这个年代始终都走在"下山"的路上，但是我想问一句："同一座山真的是我们想要的吗？"

我想应该没有一个人可以一脸严肃认真地断言，那个让人性变得冷漠的泡沫经济下的社会是一个健全的社会。但是又有几个人真的"让过去成为过去"了呢？从昭和这个时代进入平成时代的时候，尽管这是一个天赐良机让我们可以去终结泡沫经济的时代，然而我们这些人，在下山的过程中仍然不断回头留恋地看山顶，想着"那个时代真好哇"。本来我们的目标应该是爬上一座与昭和时代不一样的山峰，然而真实的情况是，我们总在同一座山上踏步停留，怀念着曾经山顶上的无限风光，心中怀着某种虚无的期待，以后什么时候还能回到山顶？于是日本社会拖拖拉拉、磨磨蹭蹭地边回首边下山，心中丝毫没有对其他山峰的美好愿景和设想。

现如今，虽然我们也能感觉到已经有一种巨大的浪潮正在撬动原本根深蒂固的地壳，不再一边倒地把昭和时代泡沫经济的象征性——金融、金钱、物欲当作衡量的标准，然而社会还是会被那些认为没有必要结束泡沫经济时代的人们所牵引。在过渡到后平成时代的今天，日本如果想要以一种跟过去的经济大国不一样的形态来继续维持被世界各国尊重的地位，那么我们就必须开始用不同于经济的另一种维度来开始攀登新的山峰。为此，我认为那些体验过昭和时代的人们，需要从本质上放下对那个时代的留恋。

超凡魅力
——让支配变得正当化的三大要素"历史正当性""超凡魅力"和"合法性"

马克斯·韦伯（Max Weber，1864—1920）

德国政治学家、社会学家和经济学家。继社会学黎明时期的奥古斯特·孔德（Isidore Marie Auguste Francois Xavier Come，1798—1857）和赫伯特·斯宾塞（Herbert Spencer，1820—1903）之后，成为第二代的社会学家，与迪尔克姆（Emile Durkheim，1858—1917）、格奥尔格·齐美尔（Georg Simmel，1858—1918）等齐名。相对于马克思的历史唯物论，韦伯强调的是隐藏在宗教背后的文化影响的重要性，认为这是一种帮助我们理解资本主义起源的手段。

超凡魅力一词译自德语"Charisma（超自然的、非凡的资质或能力）"，日语中直接采用了音译"卡理斯玛"，在日本算是比较脍炙人口的一个词。最初提出这个理念的人是马克斯·韦伯。说到马克斯·韦伯，肯定少不了要说起他的代表作《新教伦理与资本主义精神》，即通常我们所说的"新教伦理"。前面我已经在介绍约翰·加尔文的"预定论"的那个章节中提及韦伯的新教理论，因此在这里想从韦伯的另一著作《政治作为一种志业》（*Politik als Beruf*）来说明一下韦伯提出的"超凡魅力"的概念。

根据韦伯的理念，不管是国家还是政治团体，都是由正当行使武力所支撑起来的支配关系来维持秩序的。那么，被支配者究竟出于什么样的心理依据，才会服从于支配者声称自己具有的权威呢？韦伯把这种心理依据归纳为三种类型。由于非常浅显易懂，这里直接引用原文。

在原则上，支配的心理依据，即支配的正当性根据有三种。首先，"永恒的昨日"的权威，也就是权威因于"古已如此"的威信和过去遵袭的习惯而变成神圣的习俗（Sitte）。这是旧日家父长（Patriarch）即家产制领主（Patrimonialfurst）所施展的"传统型"支配。其次，权威可以来自个人身上超凡的恩典之赐（Gnaden-gabe），即所谓的卡理斯玛（Charisma）。这种权威，来自受支配者对一个人身上显示出来的启示、英雄性的气质或事迹或其他的领袖特质所发出的人格上的皈依和信赖。这是"卡理斯玛"型的支配。先知或在政治领域内群雄推举出来的盟主、直接诉求民意认可的统治者（Plebiszitare Herrschen）、伟大的群众鼓动者（Demagog）、政党领袖等，所运用者即为此。最后一种类型的支配，靠的是人对法规成文条款之妥当性的信任，对于按照合理性方式制定的规则所界定的事务性（sachliche）"职权"的妥当性有其信任。这也就是说，对于合乎法规的职责的执行，人们会去服从。近代的"国家公务员"以及在这一方面类似公务人员的权力拥有者，所运用的支配便属此种类型。[1]

马克斯·韦伯《政治作为一种志业》

也就是说，根据马克斯·韦伯的理论，当一个人想要支配一个组织也好，一个集团也罢，想要确保自己支配的正当性，就只有三个方面要考虑："历史正当性""超凡魅力""合法性"。韦伯的这个说法基本上是把视角放在了国家运营的问题上，但是如果套用到组织运营上，有一个比较棘手的问题就会浮出水面。

如果一个组织里有具备超凡魅力的支配者，那么这个组织的方向性、前进的驱动力就不是由薪酬、责罚、规则等外部因素左右的，而是被支配者的内发性动机，即"我要跟着这个人干"的一种追随情绪来驱动的。如果是那样的一位领

---

[1] 本段摘自钱永祥译本。——译者注

导者在支配着这个组织的话，就不需要制定过于细致的规则。人们自然会关注具备超凡魅力的领导者的一举一动，会认真倾听他说的话，在理解了应该往什么方向走的基础上竭尽全力去采取行动。因此那些过于烦琐的规则反而是不要设置为好。总体上来说，过于烦琐的规则反而会让超凡魅力领导者自己被规则所束缚。

然而，正如韦伯非常准确地把超凡魅力定义为"非同寻常的天赋异禀"那样，能够拥有超凡魅力的领导者并没有那么多。因此不论哪个组织，终将有一天要面对"具有超凡魅力的领导"变成了"没有超凡魅力的领导"的现实。那么这个时候，如何保证这个领导者支配的正当性呢？

根据韦伯的想法，这个正当性就只可能从"历史正当性"或者"合法性"中产生。如果说恰好有一个继承了创业家的血脉的优秀人才来领导一个组织，就有可能恢复基于"历史正当性"而得到的"支配的正当性"。这里不方便具体给出企业的名字，但是即使是现在的日本，一个企业通过将经营管理的接力棒转给创始人的后代，以此试图重新凝聚企业的向心力的事例还是有很多的。

但是，如果连拥有"历史正当性"的领导都不存在的话，那怎么小呢？按照韦伯的思想，如果遇到这种情况，支配的正当性就只能依靠"合法性"来获得。也就是说要将上传下达变成一种规则，如果不遵守命令就处罚，需要以这样的"官僚机构"的做法来确保支配的正当性。这与现在的组织运营的流行趋势是不吻合的。

韦伯主张，想要让一个人能够自主做到"被支配"，就需要"历史正当性"或者"超凡魅力"，然而很遗憾的是拥有这种属性的领导人实属少数，相对于数量如此庞大的组织来说严重供不应求。因此为了确保"支配的正当性"，大多数情况下我们不得不依赖于"合法性"。但是，正如方才所说，所谓的"合法性"简单说就是一种权限规定，以及打破规则的情况下的处罚规定所构成的系统，更简单点说就是一种依存于官僚机构来获得支配的正当性的构造，与当下这种权限转移的时代大潮流是矛盾的。

那么，到底该怎么办呢？在这种情况下，很容易犯的一个错误是，捏造支配的正当性。极端的例子就是邪教组织。有一个邪教组织叫作太阳圣殿教，曾经出现过53个信徒集体自杀这样极具冲击力的惨案。对此案件进行了详细报道的让由美曾经写下这样的文字：

> 太阳圣殿教自称是中世纪圣殿骑士团的继承人。
>
> …………
>
> 在欧洲历史上没有一个集团的传说逸事能比圣殿骑士团多的了。它们曾经拥有足以威慑王权的势力，但是最终被法国国王镇压而团灭。或许是这个集团有一种历史悲剧英雄特质的缘故吧。
>
> 根据《法国世界报》的统计，据说自称是圣殿骑士

团后裔的教会团体就有上百个。

…………

不仅仅是邪教，人们为了证明自己的正统性，常常想要把自己向着某个宗谱上去靠拢。想要成为权威是需要高贵的血统的呀。

辻由美《邪教太阳圣殿教事件》

不仅一个新的组织会去寻求其权威的历史正当性，同样《圣经·新约》里也是如此。《圣经·新约》的第一章，《马太福音》中就是以耶稣基督是亚伯拉罕的后裔来开篇的。也就是说，在《圣经·新约》中耶稣的支配的正当性也是从"历史正当性"这一点来获得的。但是呢，如果较真儿点想一想，既然耶稣是玛丽亚童贞女受孕而诞下的，那么他的父亲是谁就根本不重要吧。因此就算介绍约瑟夫的家族族谱又有什么意义呢？

话说回来，由于这些带着"历史正当性"或者"超凡魅力"的领导者可遇不可求，因此许多组织都会去捏造一些"历史正当性"。然而这些能够被捏造的"历史正当性"会留下一个问题，那就是它们真的可以维持中长期的"支配的正当性"吗？那么"合法性"又如何呢？我想那些让人束手束脚的官僚机构，已经不可能在现在的社会上吸引到优秀的人才，或者给他们更大的动力了。

结论只有一个。既然无法改变过去，那么去寻求"历史正当性"也没有什么意义。另外如果"合法性"是以官僚机构的支配为前提的话，就无法吸引现在的优秀人才，很难给他们前进的动力，而且这个设想本身就让人觉得并不美好。于是乎就只剩下"超凡魅力"这一个选项来进行支配了。但是韦伯又说具有超凡魅力的领导人是拥有"非同寻常的天赋异禀"之人，世界上并不存在那么多这样的人。因此，到最后我们必须去挑战看看，如何人为地培养出那些为数不多的具有超凡魅力的人物，难道不是吗？我想今后的重点应该放在如何通过逆向工程，把那些足以吸引人才的天赋异禀的特质研究出来，并通过共享和实践应用到更广阔的领域。

他者之脸
——"无法互相理解的人"，才能给我们带来学习或者警醒

伊曼努尔·列维纳斯（Emmanuel Lévinas，1906—1995）

法国哲学家。他幼年时期熟读犹太教法典《塔木德》，成年后留下了独具特色的伦理学研究，以及有关埃德蒙德·胡塞尔（Edmund Husserl，1859—1938）和马丁·海德格尔（Martin Heidegger，1889—1976）的现象学的研究。

列维纳斯所说的"他者"，并不是字面上的"除了自己以外的所有人"的意思，而是更偏向于"无法互相理解的人"的意思。养老孟司先生的著作《バカの壁》（直译：《傻瓜之墙》，一本讲述"人类根本不可能真正互相理解，人们都会把不能理解自己的人当作傻瓜"的书）无比畅销，他把列维纳斯的"他者"进行通俗化转变，就是指这种"有一堵傻

瓜之墙在中间挡着，无法跟其沟通的那个人"。列维纳斯留下的书稿晦涩难懂，读后让人感觉，他还把"他者"的概念扩大到了人类以外的范围，着实让人看不懂。但是我们作为并非研究哲学的凡人，若想从列维纳斯的书稿中汲取到什么，我想首先简单理解"所谓的他者，就是怎么都理解不了你的对方"，这就足够了。

到了 20 世纪后半叶的时候，"他者理论"作为哲学上的一个大问题浮出水面，我想也是有其必然性的。所谓的哲学，就是对世界或者人类的本性进行考察的一种过程。从古希腊时代以来，尽管人们花费了很大力气去不断研究和考察，那为什么到现在为止都还没有出现那种提纲挈领的决定性言论呢？答案很简单，就是因为某个人认为的得出的结论，对于"他者"而言绝对是不对的。总是不断有人提出提案，另外有人对它进行否定，感觉似乎永远不会有全员一致同意的那一天。这个过程跟"他者理论"中的"无法互相理解的对方"的逻辑是不谋而合的。

列维纳斯所说的"他者"与我们通常用到的"他人"这个词汇不太一样，是带有相当负面的情感倾向的。即使这样，列维纳斯还是继续论述了"他者"的重要性与可能性。嗯，那样一个非志同道合的外人，为什么重要呢？列维纳斯的回答非常简单，就是："他者是让我们有新发现的契机。"

我们从自己的视角来理解这个世界，看到的是与他者所看到的世界不一样的。这时，我们当然也可以去否认他者的看法，告诉他"你错了"。但是，事实上大多数人类的悲剧，都是由于断定"自己是正确的，无法理解自己言论的他者是错误的"而引发的。因此这时候我们如果可以把和自己看待世界的方式不同的"他者"，当作学习或者感悟的一个机会，就能够获得跟以往不同的方式来看待世界。

列维纳斯好像就是从自己和信奉犹太教的师父的关系中有了这种体验。我想这种感觉只要是有跟着师父学过点什么的人都能有所体会吧。比如说我自己，学生时代花了很长的时间去学习作曲，刚开始学习的时候，对于老师说的"音乐必须去外头探索"的提醒，完全听不懂。当然这里说的"不懂"并不是说不知道老师说的是什么意思，而是不理解为什么老师要那么说。

但是，这个"不懂"在某一天瞬间消失了，我感觉我懂了。要说那个瞬间究竟发生了什么，时至今日我已无法追忆无法重新体验一遍。总之，虽然我也说不清，为什么到昨天为止还是"不懂"的事情到了今天就能感觉到"我懂了"。我相信有过类似体验的人应该不在少数。这个时候同样用"我"来自称的这个人，在说出"我懂了"之前和之后已经不是同一个人了。因为同样的话即使由今天的自己告诉昨天的自己，这中间也会隔着一堵"傻瓜之墙"，意思是传达不过去的。

也就是说，"懂得"这件事是会"变化"的。说到这儿我想起来，曾经担任一桥大学校长的历史学家阿部谨也先生曾经在他的著作中讲述了他和他的指导教师上原专禄老师之间的一则趣闻：

> 在上原老师的研讨会中，还学到了一件重要的事情。老师每次在给学生作报告的时候总是会问："所以你究竟懂得了什么道理呢？"……
>
> 关于"究竟什么才叫懂得"这一点，老师有一次也说："所谓的懂得，就是指自己会因为它而改变。"这句话让我醍醐灌顶。
>
> 阿部谨也《从自己身上学历史》

为了弄懂未知的事物，我们有必要去接触现在还不懂的东西。如果我们对待现在不懂的东西说声"因为我不懂"而拒绝去了解，就会错失懂得的机会，也会失去因为懂得而改变的机会。正因如此，与"他者"的相遇，会变成改变自己的一个契机。这就是列维纳斯所说的"与他者邂逅能够带来的可能性"的含义。

话说，对于邂逅这种不仅无法互相理解，甚至有可能是敌对的"他者"，列维纳斯时常会提到一个"脸"的重要性。比如，下面这篇文章便是：

> 一张告诉你"汝勿杀人"的脸，无论是在自我满足中，还是在那些考验人们能力的障碍体验中，都不会出

现。因为现实生活中杀人是有可能发生的。但是，仅限不盯着他人的脸的情况下，才有可能真正杀得了人。

伊曼努尔·列维纳斯《困难的自由　关于犹太教的试论》，翻译自内田树译本

这世上有很多文章都会让人觉得"虽然不知道作者在说什么，但是总感觉好像说了些很重要的东西"，而列维纳斯的这篇文章如果称第二，恐怕没有别人敢称第一了。虽然列维纳斯的文章整体上来说比较晦涩难懂，但是我想如果平心静气地汲取他的言语中所带来的广阔意象，也许看的人会找到一些触动心灵的地方。

列维纳斯在这里想要表达的事情是，即使是在无法互相理解的对方面前，通过交换"脸"这个视觉映像，也能够抑制双方关系的进一步破坏。

我想可能只看文字描述还是很难理解，但是其实有很多电影或者漫画都是在暗暗传递相同的信息。

比如，史蒂文·斯皮尔伯格执导的讲述地球外生命体（以下简称为"外星人"）与孩子之间的交流的优秀电影《E.T. 外星人》。

这部电影描写了一个来地球考察的太空飞船遗落在地球上的外星人，与一个帮助他隐藏起来并试图帮助他回到太空中去的孩子之间的纯真友谊。在电影中地球上的大人扮演了他们的敌对角色，总是试图把外星人抓回来研究，因此对他

们穷追不舍，而孩子带着外星人突破层层包围，最终把外星人平安送回来接他的宇宙飞船上。

其实这部《E.T. 外星人》中有一个可以称为异常的特征，那就是大人的脸在画面中几乎没有出现过。在电影情节演到高潮部分之前，出场的也只有"孩子的脸"和"外星人的脸"，"大人的脸"除了主人公艾里奥特的母亲之外几乎都没有出现过。这也就是说，在这部电影中，对于主人公艾里奥特来说，大人就是一种无法理解自己的"他者"。

当然了，如果说登场人物只有孩子，那我们还好理解一点。可是这部电影中的主题讲的是"想要帮助外星人返回母星的孩子"与"想要抓住外星人当作研究对象的大人"之间斗智斗勇的故事，因此当然也需要大人出场。然而，这些作为敌对角色的大人的脸，几乎没有在电影中出现。要说有没有出现过大人的场景呢？有是有，但是要么是镜头里非常不自然地只保留腰部以下的位置，要么是由于逆光只能看到一个黑色轮廓，仿佛是还为了防辐射而带着安全头盔，总之永远看不清大人的脸。因此并没有出现列维纳斯所说的"脸"这个视觉映像的交换。

观众们真正看到大人的脸是在电影后半段的高潮部分。为了救助濒死的外星人，大人和孩子互相协助。到了这一幕观众才第一次看到大人脱下安全头盔，与孩子正面接触，跟孩子进行"脸这一视觉映像"的交换。

列维纳斯提倡的"他者"的概念，现如今正在变得越来越重要。放眼日本国内也是，由于互联网导致的"岛宇宙"[1]化越来越严重，由于年收入、职业、政治倾向的不同而形成不同的社会分组，每个分组中又不断加深原教旨主义的培养，彼此之间几乎无法对话，交换意见非常困难。我想即使事情已然如此，我们还是应该继续努力，促使这些孤岛般的社会分组能够彼此看到对方的"脸"来加强对话，不是吗？

---

[1] "岛宇宙"指的是每个人形成自己的个人价值观，如同浩瀚宇宙中的一个个孤岛。——译者注

马太效应

——"强者愈强，弱者愈弱"

罗伯特·金·默顿（Robert King Merton, 1910—2003）

美国社会学家。给科学社会学发展留下了很大的成果。曾提出"马太效应""自我实现预言"等如今被广泛应用的概念。

似乎世间所有的准父母都非常关心一个问题，如何才能培养出聪明的或者体育方面很优秀的孩子。因此世上流传着无比庞大的相关信息。常听到的就有，孕期多吃含铁丰富的食物比较好、青鱼里面含有的 DHA 对大脑发育比较好之类的，好像怀孕后，家中所有的人，尤其是女性非常辛苦。如果我要告诉您，实际上有一个大家都"没有"去实践过，但是确实能够提高孩子的成绩或者运动能力的生娃方法，您会不会非常惊讶呢？

这个方法就是，在 4 月份生小孩儿。

在日本大部分人都知道，日本职业棒球选手或者日本职业足球联赛选手的出生月份大多集中在 4 月或者 5 月"靠近前半年"的月份，多到已经无法用统计上的偏差值来说明的程度。

具体说，比如职业棒球选手中入围 12 球团的选手总共 809 人（外国选手除外），其中 4—6 月出生的选手为 248 人，大约占全体人数的 31%。然而另一方面，1—3 月出生的只有 71 人，大约占 16% 而已 [1]。

我们知道，从人口统计的角度来看，几乎不存在出生月份的人口偏差。每个月的出生率为 8.3%，每个季度的为 25%。因此，不论是职业棒球还是职业足球联赛中，职业选手的出生月份集中在 4—6 月的人数占 31%—33% 这么高，这一事实告诉我们，这里面"肯定有什么在起作用"。

关于运动这方面我们知道了。那么学习方面又如何呢？从统计结果来看可以发现，那些很聪明的孩子也大多是在 4—6 月出生的。

一桥大学的川口大司副教授，在对国际学习能力测试的"国际教学·理科教育动向调查"的结果进行分析的时候发

---

[1] 职业棒球的数据来自《职业棒球名鉴 2011 年版》，职业足球联赛的数据来自《官方手册 2011 年版》。这数据稍微有点陈旧了，但是从各年的倾向来看并没有很大的变化。

现，出生在 4—6 月的孩子的学习能力比出生在其他月份的孩子明显要高许多。

篇幅有限，这里就不具体展开详细说明了，川口副教授对日本中学二年级的学生（约 9500 人）和小学四年级的学生（约 5000 人）的数学与理科的平均偏差值按照不同的出生月份进行了比较，结果发现从 4 月份开始逐月下降，到 3 月份为止其平均偏差值下滑得非常有规律，[1] 而 4—6 月出生的学生平均偏差值与 1—3 月出生的学生相比，大约有 5—7 分的差距。偏差值为 5—7 分的话，在填报志愿的时候能选择的学校的等级就会有很大的区别了，弄不好将会给整个人生都带来很大的影响。

如果是小学一年级或者二年级的话，那么 4 月份出生和 3 月份出生的人之间有学习能力的差异，感觉还是可以理解和接受的。毕竟小学一年级学生是 7 岁的年纪，如果 4 月份出生的话从月数来看是出生之后积累了 84 个月的学习经验，而 3 月份出生的孩子只有 73 个月的经验，因此学习的时长差不多少了 13%。如果说从学习量的累计看已经差了一成以上，因此他们之间的学习能力有差别也是比较正常的。

但是，川口副教授的研究结果中，中学二年级学生也和小学四年级的学生一样，4 月份出生的孩子跟 3 月份出生

[1] 相对于中国 9 月份入学，日本的学校是 4 月份入学的，学年和财年的计算都是 4 月 1 日起至次年的 3 月 31 日为一年。——译者注

的孩子相比有着明显的差异。中学二年级的学生一般来说是14岁，从出生以来累计的学习月数如果是4月份出生就应该是168个月，而3月份出生的话则是157个月，这里面相差只有不到7%而已。理论上来说这点偏差不足以造成之前所说的那么大的整体的平均偏差值。

有人认为，这个差异可以用科学社会学中的马太效应来进行解释说明。科学社会学的创始人罗伯特·金·默顿曾经指出，条件很好的研究人员更能够创造优秀的业绩，因此又会得到更好的研究条件，这个过程存在着一种"利益—优势的累积"原理。默顿借用了《圣经·新约》中《马太福音》书里的"凡有的，还要加倍给他，叫他多余；没有的，连他所有的也要夺过来"这句话来解释这一原理，因此将之命名为"马太效应"。

诺贝尔奖获得者这一辈子都会有一个"诺贝尔奖获得者"的标签，这位获奖者拥有了学界非常有利的地位，因此对于科学资源的分配、共同研究、后继者的培养方面都会起到非常大的作用。然而，一个无名的新晋科学家的论文就很难被学术杂志采用，在发表自己的成果时相较于著名科学家来说总是处于不利的位置。

过去就有教育方面的专家曾经讨论过，这个"马太效应"是否也同样作用在孩子们的身上。比如，在同一个年级选人进入棒球队的时候，4月份出生的孩子不论是体力方面还是精神方面都发育得比较好，大多数情况下都处于有利位置。

因此，从结果来看，他们会被选为首发球员，获得专业指导的可能性会更高。人一旦获得了成长的机会就会得到激励，因此内在动力也会更足，自觉努力投入练习。这样循环下去偏差就越来越大了。

在这里我不想过多地讨论"马太效应"本身的是与非，我只是认为，4月份出生的孩子比3月份出生的孩子无论在学习还是体育方面都更好的这个统计学上的事实，以及可以用来解释这一事实的默顿提倡的假说，给了我们一个很大的反省机会，去思考在组织中"学习机会该如何分配"的问题。

我们总是容易产生一种不好的习惯，一方面很喜爱那些"理解能力很强的孩子"，而另一方面对于后进的孩子只给予很短的时间就放弃。这一点对于公司内部教育投资也好，作为社会资本的教育机会也好，都是一样的，我们会有一种把教育投资的分配向"费用对效果的比值更高的人"倾斜的倾向，因此根据初期的表现结果，那些能干的孩子将会得到更好的教育机会，于是乎他们的表现进一步得到提升，而最初没有表现好的孩子们则会不断陷入更加艰难的境地。但是这样循环下去，组织内部就会一味地吸收那些"理解能力很强的聪明的孩子"，而咀嚼消化比较费时间但是本质上很努力想要去理解的孩子（也就是那些可能会提出一些新的点子，能够成为创新人物的种子选手）就容易被疏远。而且我认为，那些只有"好孩子"的组织，从中长期来看仍然还是会变得脆弱。

"4月份出生的孩子成绩好，体育又很棒"，这种从发生学的角度来看非常不自然的事实告诉我们，在培养人才的时候最好不要太关注他们最初的表现差异，而需要用更加长远的目光去考查一个人发展的可能性和成长空间。

纳什均衡
——一种最强的战略："我是个好人，但是如果你来挑事儿我就会反击。"

约翰·纳什（John Nash，1928—2015）

美国的数学家。在博弈论、微分几何学、偏微分方程式研究等领域取得了很大的功绩。纳什所提倡的纳什均衡非常出名，因此也有人认为游戏理论是纳什耗费毕生心血得来的杰作，但实际上纳什研究游戏理论是在读博士期间以及那之后的短短数年。他职业生涯的后半段是在普林斯顿大学教授数学，于1994年获得了诺贝尔经济学奖。

纳什均衡（Nash equilibrium）是博弈论当中的一个术语。指的是参加到博弈游戏中的两方玩家，都做出对自己最有力的选择，以期待收获最大的收益，即双方进入一种均衡状态。用来说明纳什均衡的思考实验中最广为人知的例子就是"囚徒困境"。"囚徒困境"最早作为思考实验出现在

1950年普林斯顿大学的数学家阿尔伯特·塔克（Albert Tucker）教授的演讲举例中。顺便说一下，这位阿尔伯特·塔克先生就是约翰·纳什的指导老师。

所谓的"囚徒困境"，就是如下的一种思考实验。假设两个人抢劫银行被警察抓住，被分别关在不同的屋子里进行调查取证。警察分别对两个犯罪嫌疑人提出如下的条件："如果你们两个人都继续保持沉默，则由于证据不充分，各被判刑1年；如果俩人都能坦白，则各被判刑5年；如果对方保持沉默，而你能坦白，那么作为你协助调查的回报，你被判无罪释放，对方被判刑10年。"

这时候，两个被困的嫌疑人应该会经历这样的思考过程。"如果对方保持沉默，我坦白的话，我就可以被无罪释放；如果我也保持沉默，就会被判刑1年。这种情况下我还是坦白比较好。另一方面，如果对方选择坦白，我也坦白，则会获刑5年，而如果我保持沉默则会获刑10年。在这种情况下仍然是坦白比较划算。也就是说，不管对方是坦白还是沉默，对于我来说都是选择坦白比较划算。"于是乎，两个囚徒双双选择了坦白，各获刑5年。这个故事告诉我们，当我们采取合理的战略去获得个人利益最大化的时候，并不一定能确保整体利益的最大化。从专业的角度来说，这叫作"非零和博弈"。

这个"囚徒困境"的例子，只是通过仅有一次的决策来决定参与者的利益的一种博弈游戏，然而真实的人类社会中并没有这么单纯，是合作还是背叛，这个选择会不断反复出现。于是当我们运用这种"需要不断重复多次选择"的情况，构成一种名字叫作"重复囚徒困境"的博弈游戏，将会需要做决策的人们带来深刻的启迪。

在这个博弈游戏中，玩家分别拿着两种牌：一种是"合作"，一种是"背叛"。在信号发出的同时要给对方看自己手上的牌。如果两个人都出的是"背叛"牌，那么两个人都可以获得1万元的奖金；如果两个人都出"合作"牌，那么分别可以获得3万元奖金；如果一方出的是"背叛"牌，另一方出的是"合作"牌，出"背叛"牌的那一方可以获得5万元奖金，而出"合作"牌的一方什么都得不到。那么问题来了，为了获得最高额度的奖金，应该怎么进行选择呢？

这个游戏设定的规则极为简单，却引起了难以置信的热烈讨论。最后密歇根大学的政治学家罗伯特·阿克塞尔罗德（Robert Axelrod）决定让电脑和电脑进行"反复囚徒困境"比赛，看看什么样的程序能够获得最高的利益。在这个比赛中，汇集了政治学、经济学、心理学、社会学等领域的14名专家带着他们精心策划的电脑程序，此外阿克塞尔罗德还加入了一个能够随机输出"合作"和"背叛"的随机程序，总计15个电脑程序进行循环赛。比赛一个回合下来会进行200次的"囚徒困境"实验，一共进行5个回合，最终取它们的平均得分点进行比较。

据说当时结果出来的时候，所有参赛人员都惊呆了。因为最终获胜的，竟然是一个最简单的电脑程序，只有3行。这个程序的作者是多伦多大学的心理学家阿纳托·拉普伯特（Anatol Rapoport），其程序的内容是，第一次出"合作"牌，第二次开始每一次都出与对方上一次出的一样的牌，不断重复，仅此而已，可以说是极其简单的一个逻辑。

事实上关于这个实验有许多争议和批判，认为选定的流程或者结果缺乏合理性，等等，在这里我们先不谈。阿克塞尔罗德整理出了颇有意思的"这个程序的强大之处"，我们且来看看。

第一，这个程序中绝对不会主动发出"背叛"牌。首先是"合作"，只要对方也是合作的话，自己也继续保持合作。是一种"好人"战略。

在这个基础上，第二，如果对方发出了"背叛"牌，那么自己也立马回之以背叛。如果自己一味地合作，那么一旦对方发出了背叛的牌，自己的损失就会变大，因此需要立即给对方施以惩戒。也就是说"我是个好人，但是如果你来挑事儿我就会反击"。

第三，当背叛了的对方重新回到合作的轨道上来的时候，自己这边也跟着发出合作的牌，展现出自己的宽容大度。过去的事情就让它过去，握手言和，也是一种"好人"战略。最后，在这个程序中，从对方角度来看就会明白一个道理，"只要我自己不背叛他，他就一定是个好人，但是如果我一旦背叛他，他也会立马背叛我"。这表现出了一种非常单纯易懂、容易预测的人格特征。

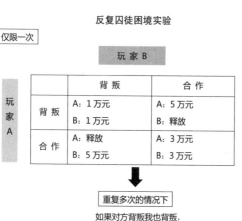

反复囚徒困境实验

像这样把这个程序的核心要点摆出来看的话，可能有的人会觉得："什么吗？这不就是美国人的特征吗？"嗯，这话我们且不去讨论，只说这个非常单纯的战略实在是很坚固。在第一次比赛过去几年之后的第二次比赛中，尽管有了比第一次多出许多的高级程序，不断给出新的复杂的统计解析思路，但是仍然还是这个简单的程序获得了胜利。于是，拉普伯特想出来的程序最终得到世人的认可，成为一种在非常广泛的领域中都有效的战略手段。

人类对于他人的基本认知是多种多样的，比如也许有的人认为"防人之心不可无"这句格言是人类智慧的结晶，但是先去合作，只要不被对方背叛就持续保持合作这样的一种处事模式才是"反复囚徒困境"游戏中的最强战略。对此，我们可以从中得到非常多的启迪。阿克塞尔罗德将这些研究整理进了一本名为《合作的进化》（*The Evolution of Cooperation*）的书籍里，关于博弈理论是否可以被运用到实际生活中这一点，书中也有提到一些观点，能够给我们带来一些思考。比如，"虽然这种合作战略在长期交往的情况下会有效果，但如果不具备长期交往的条件就不一定会有效果"。如果您有兴趣可以读一读这本书。

权力距离
——上司要积极去探索对自己的反对意见

吉尔特·霍夫斯塔德（Geert Hofstede，1928—
2020）

荷兰社会心理学家。对有关组织、国家、民族之
间的文化差异问题进行了先行研究。

相信大家有所了解，通常民航客机需要由机长和副机长
两个人分工合作才能起飞。从副机长晋级为机长，通常需要
花费10年左右的时间。因此，不必多说您也可以想象，从经验、
技术、判断能力等方面看，我们会认为机长比副机长优秀很
多。然而，从过去的飞机事故调查统计的结果看，相对于
副机长，更多的坠机事故出现在机长操作飞机时。这到底
是怎么回事呢？

这个问题体现了组织所拥有的不可思议的特性。如果我
们把组织定义为"两个以上的人在一起，为实现某个共同目
标而协同行动的集合体"，那么飞机里面的驾驶舱就可以看

作最小的一个组织。

想要提高一个组织的决策质量，"通过表明意见而展现出摩擦"是非常重要的。对于某人的行动或者判断，其他的某人认为"那样做很奇怪"的时候，就必须站出来表明自己的态度，而不是瞻前顾后不敢说。因此也就是说，在飞机的驾驶舱里面，对于一个人的判断或者行动，另一个人要能够无所顾忌地提出反对意见才行。

那么，我们能够很自然地想象到，当副机长在驾驶飞机的时候，作为级别更高的机长是可以对副机长的行动或者判断提出异议的。然而如果反过来的话会怎么样？当机长在掌握驾驶舱的操作台时，作为低级别的副机长是否能够对机长的行动或判断表达反对意见呢？恐怕其心理上会有抵触情绪吧。于是这种心理上的抵触情绪会扼杀了自己内心的担忧或者不同意见，导致出现"机长在操纵驾驶时飞机更容易出现事故"这样的统计结果。我想这是一种合理的原因分析和逻辑推测。

我们知道，下属对于上级提出反对意见的时候感受到的心理上的抵触情绪的程度是具有民族差异的。荷兰的心理学家吉尔特·霍夫斯塔德就曾在世界范围内进行了调查，将"部下对上级提出反对意见时感受到的心理上的抵抗程度"用数值来表示出来，并将其定义为权力距离指数PDI（Power Distance Index）。

霍夫斯塔德是荷兰国立林堡大学（现在名字是：马斯特

里赫特大学）从事有关组织人类学及国际经营理论的研究人员。在 20 世纪 60 年代初期，霍夫斯塔德已经是享誉全球的研究国民文化及组织文化的第一人了。他接受了来自 IBM 公司的委托，从 1967 年到 1973 年耗费 6 年时间开展项目研究，结果发现 IBM 在各国的办公室管理人员与部下的工作、沟通方式有很大的差异，这种差异给企业的发展带来了巨大的影响。霍夫斯塔德制作了包含许多项目的复杂的问题表单，在很长的时间内收集了大量的数据，从各种各样的角度来分析"文化风气所带来的行动差异"。在那之后他提出的几乎所有研究论证都是以这个时期积累起来的数据为基础的。

具体说，霍夫斯塔德在着眼于文化差异的时候，定义了以下 6 个维度。我们如今通常把它们叫作"霍夫斯塔德的 6 个维度"。

① Power distance index（PDI）权力距离指数——上下关系的强度。

② Individualism（IDV）个人主义——个人主义倾向的强度。

③ Uncertainty avoidance index（UAI）不确定性规避指数——对于不确定性的事情刻意回避的倾向的强度。

④ Masculinity（MAS）男性主义——追求男性魅力（女性魅力）的倾向的强度。

⑤ Long-term orientation（LTO）长期取向——具备长远视野的倾向的强度。

⑥ Indulgence versus Restraint（IVR）放纵与克制——偏向于享乐还是禁欲。

霍夫斯塔德将权力距离指数定义为"在各个国家的制度或者组织中，权力比较弱的成员对于权力不平等分布状态的心理预期及接受的程度"。比如，在英国这种权力距离比较小的国家，人们之间的不平等会被控制到最小限度，权限分散的倾向比较强，部下会期待上级领导在做出决策之前找自己商量，不怎么能看到特权或者身份的象征之类的东西。

然而在权力距离比较大的国家，人们反而希望看到人与人之间的不平等，权力弱者依赖于支配者的倾向比较强，中央集权化在不断推进。

由此可知，权力距离的差异对于职场中上级和部下之间的关系会产生很大的影响。对此霍夫斯塔德就直截了当地指出："在权力距离很小的美国开发出来的诸如目标管理制度之类的管理方案，是基于部下与上级之间可以站在对等的立场进行交涉的前提下被开发出来的，但是在那些权力距离很大的文化圈内基本上是行不通的，因为不管是上级还是部下都会认为那样直截了当的交流是不怀好意的。"根据霍夫斯塔德的调查，7个发达国家的权力距离指数如下页所示，这样的结果不难想象。但是日本的分数排名在其中还是比较靠前的。

法国：68

日本：54

意大利：50

美国：39

加拿大：39

联邦德国：35

英国：35

霍夫斯塔德在同一调查报告中还指出，在韩国或者日本等"权力差距比较大的国家"，"时常能够看到员工畏缩不前，不敢对上级提出异议的样子""对于部下来说，上级是难以接近的，几乎不可能当着领导的面表达自己的反对意见"。

那么，权力距离指数很大的话，具体会带来什么样的影响呢？结合日本的现状，我认为对我们来说有两点启示。

第一个启示是，合规性的问题。在组织当中，当拥有权力的人想要做出有违道义的决策时，组织里那些作为部下的成员是否可以大胆提出质疑——"那样做不对吧"？霍夫斯塔德的研究结果显示，日本人相对于其他发达国家的人们来说，"提出质疑会让人产生抵触情绪"的倾向比较强。

第二个启示是，与创新相关的问题。在本书的其他章节也提及过，美国科学史家托马斯·库恩（Thomas Samuel Kuhn）曾指出，能转变模式的人有个特征，那就是"要么非常年轻，要么进入某一行时日尚浅"。也就是说，在组织中相对而言处于弱势的人更容易给出一些能够带来模式转变的好点子。因此我们可以认为，让那些处于权力弱势的人们积极发表自己的意见，能够加速组织的创新。但是日本的权力距离指数相对来说比较高，在组织当中的弱势群体就不太容易有机会发声。

从以上两点来看，如果组织中的领导，对于来自部下的反对意见只采用"如果被提出来了的话就听"这样的消极的倾听态度是不够的。他们需要更加积极的态度，甚至是主动地去向部下寻求对自己的反对意见，难道不是吗？

反脆弱
——"建筑公司的木匠工人"和"大型承包商的综合管理职位",哪一个工种能存活更久

纳西姆·尼古拉斯·塔勒布(Nassim Nicholas Taleb, 1960—)

出生于黎巴嫩的美国作家、认识论者、独立研究者。曾经是数理经济的实践者。作为金融专家在纽约的华尔街工作多年,之后成为认识论的研究者。著作有《黑天鹅》《反脆弱》等。

所谓的"反脆弱"是指,"在外界的干扰或者压力之下,反而提升了业绩表现"的一种情况。日语中译为"反脆弱性",会给人一种非常生硬的感觉,但是其实原著中用的是一个叫作 Anti-Fragile 的新造的形容词。不管怎么说,我们原本的日常生活中是找不到一个词可以完美对应这个新词所表达的含义的。关于这一点在本书的后半部分讲到索绪尔的语言学的时候会进行详细阐述。我们的语言反映的是我们对世界

的认知，既然这是一个新词，就意味着"反脆弱"所表达的意思，在以往的英语中也好，日语中也好，都找不到一个可以完美诠释它的含义的词。

通常我们会把在外界的干扰或者压力作用下很快就精神崩溃或者身体出现不适等情况称为"脆弱（Fragile）"。那么，与之相对的概念应该叫作什么呢？通常我们会说"顽强（Robust）"。但是，事情真的这么简单吗？这个问题便成了塔勒布思考的出发点。如果我们把"脆弱"定义为"由于外界干扰或压力的提升而导致业绩表现下降"，那么与之相对应的难道不应该是"在外界的干扰或者压力之下，反而提升了业绩表现"吗？于是塔勒布将其命名为"反脆弱（Anti-Fragile）"。塔勒布是这样写的：

> 反脆弱是超越耐久性和顽强的一种特性。有耐久性的人可以承受冲击并维持现状。然而反脆弱是将冲击化作精神食粮借机成长。这个特性与进化、思想、革命、政治体制、技术革新、文化和经济的繁荣、企业的生存、美味的菜单（用一滴高级白兰地酒来增香的鸡汤或者蛋黄酱牛排等等）、都市的繁盛、社会、法治体系、赤道上的热带雨林、耐受菌……只要是随着时间流逝会产生变化的东西全都适用。作为地球上的生物中的一种，我们人类的存在同样如此。所以，像我们人类这样的有机物，与那些订书机之类的无机物的区别仅仅在于有没有反

脆弱性。

由于精神压力或者外在干扰或者错误，反而使得整个系统的表现得到提升，这么说可能会让您觉得无法想象。举个例子吧，比如说现在的网络热搜营销就可以说是一种 Anti-Fragile。上了热搜被全网围观，对于当事人来说肯定是一种压力，但是如果能够借助这种压力来增加消费者或者提升销售额的话，那么就可以说是一种"反脆弱"的表现。由莱昂纳多·迪卡普里奥主演的电影《华尔街之狼》曾经引起过热门话题，影片讲述的是真实存在的人物——乔丹·贝尔福特的故事，他从一个失业者变成年收入 50 亿日元的富翁。影片中有一幕是《财富》（Fortune）杂志刊登了诋毁贝尔福特担任社长的金融证券交易公司的报道，贝尔福特看完怒不可遏，这时他的妻子安慰他说："There is no such Bad Publicity（世上没有绝对的坏报道）."最后，托这篇恶意报道的福，贝尔福特的公司迎来了许多求职者，之后更是迎来了爆发式的扩张。这件事情也可以被当作"由于外界压力反而提升了系统整体表现的案例"。人的身体其实也是如此，通过定期断食或者运动等给身体适度地增加"负担"，反而会让人身体更加健康。所以说人体也是一个具有反脆弱性质的系统。

塔勒布非常重视"反脆弱"这个概念，是因为我们生活在一个世事非常难以预料的时代。如果说可以提前预测到风险，那么只要组建一个强大的体系来对抗这些风险就好了。就比如说，建立可以对抗海啸的超级堤坝。但是这样的事情真的可能吗？对此，塔勒布是这样说的：

> 与其去预测会给系统带来伤害的事情何时发生，倒不如去分辨系统是否脆弱来得简单轻松。脆弱是可以测量的，但是风险却不行（所谓的风险可测，只有在赌场或者自称"风险专家"那帮人的脑子里才成立）。重大而稀少的事件发生的风险是无法进行计算的，也不可能预测它的发生。我把这一事实称为"黑天鹅问题"。所谓的测量脆弱，就是针对这个问题的解决策略。因为我们可以测定出由于变动而带来的损失的大小，且这个计算比预测何时受到损害要简单得多。因此，本书中我将彻底颠覆现在的预测、预知以及风险管理方面的研究思路。

"一眼看上去似乎很脆弱，实际上是具有反脆弱性的系统"与"一眼看上去很强健但实际上很脆弱的系统"的对比在这个社会比比皆是。比如，有一技之长的建筑公司的木匠与大企业的包工头，街头小店与大型百货商场，妈妈的自行车与奔驰S系列，等等。如果我说5万日元的自行车和1000万日元的奔驰相比，后者更脆弱，应该很多人都会感到不可思议吧。

会感到诧异是因为大家把整个社会体系都在正常运转当作一个大前提了。在日本"3·11"大地震的时候，东京的交通网络完全陷入瘫痪状态。当时我从办公室附近买了一辆自行车，花了两小时左右的时间骑行回到了距离30公里以外的家。而那些依赖汽车的人们却花了5倍以上的时间。

话说回来，将这个"反脆弱"放到组织论或者职业论中来思考，能给人带来什么样的启迪呢？

首先就组织论来说，有意识地让员工体验失败是非常重要的。压力越小，一个组织就越脆弱。适当地给员工施加不至于让人感觉崩溃的压力，是有必要的。因为失败能促进学习，可以提升组织的创造性。

其次，对于职业论来说也如此。当我们说到"铁饭碗"的时候，通常会想到的是"进入大城市里的一家银行或者商社等相对而言世人评价比较高的公司，过着安稳的日子，不会经历什么大的失败，能够顺顺利利地升职加薪"。但是这样的职业生涯中，饭碗真的有那么"铁"吗？在我执笔写下这本书时，社会上已经有新闻爆出许多大银行纷纷裁员的消息。用组织论专家的话来说，是因为银行的工作太过模式化，此外手续的规程也非常明确，因此是最容易被机械化所代替的。如果一个人长期在一个大的组织里面工作，那么这个人的"人力资本（技能或者知识）"和"社会资本（人脉或者评价、信用）"就会在这个企业的内部不断得到积累。然而一旦离开这个组织，这个人的人力资本和社会资本都会大打折扣。

那究竟怎样做好呢？趁着年轻尽可能多地经历一些失败，出入各种组织或者团体，在不同的地方提升自己的人力资本和社会资本，等等，这些事情变得越来越重要。尽管也许一个个组织本身很脆弱，但是重要的事情并不是这些组织的存续问题，而是个人的人力资本和社会资本是否能够留存下来的问题。哪怕有一天这个组织消失了，曾经和这个组织相关的人们之间如果已经形成了信任关系的话，那么这个人的人力资本社会资本就不会缩水，只是像变形虫一样分散在各个领域中得以维持。

如果进一步深入地进行思考就可以注意到，塔勒布所提出的"反脆弱"这个概念，其实是对我们通常认为的"成功模范""成功意识"的一种认知颠覆。如前文所述，我们会有一种成功意识，想把自己的组织或者职业变得强大。然而在如此难以预料、不确定性这么高的当今社会，那些一眼看上去很强大的系统不断被证明实际上非常脆弱。我想不管是站在自己所属的组织的角度还是个人职业发展的角度看，"如何让自己的反脆弱性得到充分的提升"将会成为今后社会的一个热议话题。

第 / **3** / 章

关于"社会"的核心概念
——为了理解"当下正在
发生什么"

异化
——人类被自己创造的系统所左右

卡尔·马克思（Karl Marx, 1818—1883）

出生于德意志邦联普鲁士王国的哲学家、思想家、经济学家、革命家。他在弗里德里希·恩格斯的帮助下，建立了囊括世界观及革命思想的科学的社会主义（马克思主义）思想理论。他认为资本主义的高度发展必将导致共产主义社会的到来。其毕生著作是对资本主义社会进行研究而写成的《资本论》。依据这个理论建立起来的经济学体系被叫作马克思主义政治经济学，给20世纪之后的国际政治及思想带来了巨大的影响。

"异化"是马克思留下的众多关键词中比较容易被人误用的一个，但其实它并不是什么特别难以理解的概念。相反世界上到处都在发生这样的事情，因此懂得什么是异化可以帮助我们正确理解各种各样的状况。

所谓的异化，就是说人类制造出来的东西，脱离了人类的掌控，甚至反过来掌控人类。在许多解说中，人们把这种情况说成"会变得疏远"，但是如果仅仅是疏远的话，只要放任不管就好了，也不会产生什么很大的实质性伤害。然而，异化会成为一个很大的问题，是因为人类会被由人类创造的系统所牵制。

马克思在他的著作《1844 经济学哲学手稿》中指出，资本主义社会的必然归宿中，会产生如下 4 种异化现象。

第一个是来自劳动生产物的异化。在资本主义社会里的雇佣关系中，劳动者生产的产品全部归资本家所有。猎人把山中捕获的棕熊带回家是理所当然的事情，但是工厂做出来的产品是不允许员工擅自带回家的。为什么不被允许呢？因为工厂生产出来的产品是属于公司的资产，在公司的资产负债表中是要作为资产来统计的。而这份资产属于股东，即资本家。尽管这是自己通过劳动做出的产品，但是并不属于自己，而且这个产品流入市场，还会对自己的生活产生影响。这就是来自劳动生产物的异化。

第二个是来自劳动的异化。不过我认为这一点在现代可能不一定完全确切了。

根据马克思的理论，大多数在劳动中的劳动者，都会感觉到痛苦或者无聊，处于一种自由被压抑的状态。以亚当·斯密为首的古典派经济学家们提倡以分工来提升生产率，其结果是劳动对于人类而言变成了"很无聊，想尽可能躲避的事情"。马克思认为，"原本劳动（labor）对于人类来说应该是一种创造性的活动（work）"。然而雇佣劳动制度让其变得扭曲了。人在进行劳动的时候，无法感觉到自我的存在，只有从劳役中解放出来那一瞬才变回独立的自己。这就是劳动产生的异化。

然后上述两点异化继续发展，就会产生第三个异化，那就是类本质的异化。"类本质"这个中文词的翻译看起来不是很好理解，日语译为"类的"也同样看着非常怪异。其实如果看原著，就可以知道这个词的德语是"gattung"，在英德词典中解释为"species"，因此可能翻译成"种类"会更加准确一些。不过，严格意义上说，德语的"gattung"和英语的"species"还是有区别的。当时将《1844 经济学哲学手稿》翻译成英语的马丁·米里根（Martin Milligan）回忆说，在想如何把德语的含义准确地翻译成英语时苦恼了很久。

那么到底什么是"类本质的异化"呢？马克思认为，人类是一种"类本质"的存在，即同属于某一个"种类"，是一种会形成健全的人际关系网络的生物。

但是由于分工或者雇佣关系的作用，健全的人际关系遭到破坏，劳动者变成了资本家所拥有的公司中的"机械零件——齿轮"。这就是类本质异化的含义。

第四个是来自人类（他人）的异化。简单点意译就是"变得不像人类该有的模样"。在资本主义社会里，评价一个作为劳动者的人的价值，会看这个人在社会或者公司里作为齿轮能发挥多大的作用，也就是说人们只关心这个劳动者的"生产率"而不顾其他。这样人们的兴趣就会纷纷变成如何用更少的劳动赚取更多的钱，而失去了"劳动本身带来的喜悦"和"赠予的喜悦"，甚至是陷入一心想着"如何从他人手中掠夺更多""如何把其他人踢出局"的局面。这就是来自人类异化的含义。

以上4点就是对马克思的4种异化的简要说明。相信您读完就能知道，马克思之所以提出这些异化的概念，就是想说明在资本主义社会中展开的劳动和资本的分离，或者说由于分工造成的劳动体系化将会带来什么样的弊害。不过我觉得，如果我们把异化当作一种更广义的概念，即"自己会被自己创造出来的系统耍得团团转，甚至被其损毁"，那么我们就会发现，其实异化在各种领域中都有发生。

比如说资本市场，当然这是人类创造出来的，但是现在没有一个人可以控制得了它。别说控制它了，连预测它的走向都做不到，可以说许多人都被它左右了人生。

如果从小一点的视角来说，比如企业中的人事考核评价体系也是如此。人事考核评价体系本身当然也是为了让组织的业绩表现达到最优化而人为设计出来的一个系统，初心是为了恰当地评价一个人的能力或者劳动成果。也就是说为了"优化组织业绩表现"的目的，"人事考核评价制度"这个手段才被开发出来。然而正如您所知道的那样，几乎所有的日本企业都把"不论如何先把人事考核评价制度运转起来"这件事情本身当成了目的，基本上都没有以"优化组织业绩表现"这个最初的目的为出发点来进行评价。这也可以说是一种异化。概括总结一下就是，所谓的异化，就是原先设想的目的与体系之间的主从关系颠倒了，体系变成了主，而目的变成了从。

我们在面对某个问题时，会想要通过制定一种体系来解决这个问题。然而，这个体系有没有真的帮助我们解决问题呢？似乎答案就不明确了。多数情况下，这个系统又会产生另外的问题，而且原来的问题仍然没有得到解决。如人事考核评价制度之类的便是最贴切的例子。如果要举一个最新的例子，我想关于公司管理方面的规章制度到了30年后应该也会变成类似的结果。在企业活动方面的伦理道德规矩，无论如何都会因为经营企业之人的伦理和道德观念而有所差异。无论耗费多么庞大的人力物力去设定规矩，并从外部监视各个企业的遵守情况，而几乎不考虑通过津贴补助去鼓励的话，最终问题还是无法得到解决。就像不论财务制度如何完善，永远也杜绝不了做假账的公司一样。如果我们想要依靠规则或者体系来管控人的行为，那么自然就会发生异化。与其这样，倒不如我们采用一些理念或者价值观等内发性的东西，来督促人们做出令人期待的行为，这样做不是更加重要吗？

利维坦
——究竟是选择"独裁而有序",还是选择"自由但无序"

托马斯·霍布斯（Thomas Hobbes，1588—1679）

英国哲学家。通过1651年出版的著作《利维坦》提出了社会契约论，奠定了延绵至今的政治哲学的基础。此外，除了在政治哲学方面，霍布斯还对历史、法学、几何学、气体物理学、神学、伦理学、一般哲学等多个领域做出了贡献。

利维坦（Leviathan）这个词并不是霍布斯造出来的，而是原本在《圣经·旧约》中出现的一种怪物的名字。《圣经·旧约》中的《约伯记》里就有如下描写：

> 他打喷嚏，就发出光来。
> 他眼睛好像早晨的光线。
> 从他口中发出烧着的火把，

与飞逝的火星。

…………

他颈项中存着劲力，

在他面前的生物都惊恐蹦跳。

摘自《圣经·旧约》的《约伯记》第 41 节

看完这样的描写，我们日本人都会认为"哦，这就跟哥斯拉一样嘛"。而霍布斯心中想要描绘的，好像也正是这种"人类智慧所不能及的巨大权力"。

霍布斯在两个前提下对"世界"这一体系的存在状态进行了思考实验。这两个前提分别是：

①人与人之间的能力没有很大的差别。

②人类想要的东西是稀少、有限的。

这是一种非常机械式的思维方式。这种思维方式与稍微晚点出现的笛卡儿或者斯宾诺莎的想法是一样的，稍微专业点的叫法是"唯物论的世界观"或者"机械唯物论的自然观"。指的是排除精神性或者情绪性的影响，像钟表构造那样的一种机械式的世界观。生活在现代的我们，对于这种思考方式可能并不会觉得有多么不自然，但是在霍布斯生活的 17 世纪末，"世界是由神创造的"这种思想才是社会的主流。何止如此，那时候如果不这么想的人是会被当作异类烧死的。因此当时霍布斯的这种想法可以说是极其具有革命色彩的。

话说回来，霍布斯从这两个命题定义了必然会被引出的"社会的状态"。那就是"万人对万人的战争（bellum omnium contra omnes）"的一种状态。意思就是为了争夺稀少的资源，所有人都参与到战争中去。用现代的话来说就是，反乌托邦（dystopia）才是世界的本质。具体来说，霍布斯是这样描写那种社会状态的：

> 没有土地的耕作，没有航海，也没有对舶来品的使用，宽敞的建筑、可以用来搬运重物的工具、关于地表的认知、对时间的计算、技术、文学、社会等等，什么都没有。最糟糕的是，只有连续不断的恐惧和暴毙的危险。人的生活是孤独的、贫穷的、龌龊的、野蛮的和短促的。

当然，这样的状态下任谁都不会感到幸福和快乐。于是就有人提出一种想法，"我保证不抢你的东西，请你也保证不抢我的东西"。最后社会全体成员一同制定规则，并互相保证和遵守。

然而，霍布斯认为这样做还不够充分。他说："没有佩剑的契约也只是说说而已，完全没有能够赖以防身的力量。"也就是说，霍布斯的观点认为，"如果在违反规则时没有惩罚措施，这个规则本身就没有任何意义"。

为了解决这个问题，就需要在人群中树立惩罚机制的权威。全员都同意由这个权威与社会全体人员签订契约，严厉惩处那些不遵守规则之人。唯一可以保证人们的自由与安全的方法，是要形成一个巨大的权威，让其拥有剥夺个人的自由与安全的权力，并让其统管整个社会。这就是霍布斯的主张。然后为了表现这个"巨大的权威"有多巨大、多令人毛骨悚然，霍布斯给它起名为"利维坦"。

在这里我不得不给大家提个醒，就是在本书开头部分写到的要懂得严格区分"从过程中学习"以及"从结果中学习"这两点。如果把霍布斯的研究成果简单总结一下，就是"为了创建安全的社会，则需要有国家权力"。然而，我们仅仅把这个主张当作知识来学习也不可能获得很多的智慧。比如，有一个不统一的组织，对于试图通过让权力集中在一起来重新让组织回归稳定的人来说，可能认为"为了创建安全的社会需要拥有很大的权力和权威"这一霍布斯的主张能够成为具有很强说服力的论据。但是，如果在这种情境中引用霍布斯的主张，就不符合霍布斯原本想要表达的意思，而且从引用他人考察结果这一点来看也用错了。

重要的是要将目光放在思考过程上面，即霍布斯是怎样提出这样的主张（得出这样的结果）的。

所以说，他的思考过程究竟是怎样的呢？这一点用霍布斯自己的论述就足以诠释明白。霍布斯非常慎重地写下了如下的内容：

人们抵御外敌入侵，或者在相互的权利侵害中保护自己，然后通过自己的劳动和从大地获得的收获来滋养自己，过着舒适快乐的生活。让这一切变成可能的，是这个公共的权力。确立这个权力的唯一道路，是将所有的人所拥有的强大力量都转让给一个组织，让其可以通过少数服从多数的方式将每个人的意愿、想法凝结成一个共同的意志。

也就是说，霍布斯并不是无条件地主张"需要国家来治理天下"。他想要表达的是，如果我们假定若干个跟人类或者社会有关的特性和条件，那么必然可以得到某种结论。

另外，霍布斯的这个主张，还给我们带来了一个问题。那就是"独裁而有序的社会"与"自由但无秩序的社会"这两者之间，人们更倾向于什么样的社会呢？当然了，霍布斯自己的答案是前者。如果想知道为什么霍布斯会那么想，我们一定不可以忽略一点，霍布斯生活在清教徒革命的血腥战争时代。在那之前人们认为国王是被天神赋予了统治国家的权力，然而由于革命，国王被革命人士处刑，整个社会陷入了骚乱，霍布斯的大多数亲朋好友也都在乱世中度过了悲惨的一生。短暂的和平也是通过军事独裁好不容易才得到的。在这样的时期里度过一生的霍布斯，"比起自由但毫无秩序的社会来说，更青睐独裁统治下的有序社会"，也是情理之中的吧。

普遍意志
——谷歌能成为民主主义的装置吗

让-雅克·卢梭（Jean-Jacques Rousseau, 1712—1778）

出生于日内瓦共和国。主要活跃于法国的哲学家、政治理论家、作曲家。在辗转从事过公证人见习生、雕刻家、家庭教师、作曲家等职业之后，逐渐以散文家的身份声名鹊起。顺便提一下，他写的歌剧作品曾经在路易十五世的面前上演过，作为作曲家也可以说获得了一定的成功。在日本广为人知的一首童谣歌曲《むすんでひらいて》（《握握手张开手》）就是卢梭的作品。

关于组织当中集体意志决定的构造是否具有可能性，第一个进行认真论述的人便是卢梭。他在著作《社会契约论》中，将全体市民的意志定义为"普遍意志（General will）"。他提倡既非代议制也非政党政治的"基于普遍意志的统治"才是理想的社会状态。卢梭所说的普遍意志是一种非常微妙的概念,让许多后世的社会学家或者思想家都感到困惑不已。但是日本有位名叫东浩纪的思想家则认为,如果我们运用发展到今天的科技与网络技术,卢梭说的事情也可能实现。

民主主义是以热烈讨论为前提的。然而日本人普遍被人认为不擅长进行热烈的讨论。在让 A 与 B 的不同意见形成对立进行讨论时,日本人据说很少能够站在第三方 C 的立场来进行总结,用辩证法的方式来取得全员一致同意。因此人家都说,日本的两大政党制完全不起作用,是一个民众素养比较低的国家。但是,与此相对的是,日本人很擅长察言观色。另外也擅长处理信息技术。既然如此,我们何不放弃追求自己完全不擅长的理想型热烈讨论,用技术将所谓的“言”与“色”可视化,进而构建一个能够形成一致意见的基础的新民主主义呢?如果说卢梭已经在两个半世纪之前就已经指明了通往这种构想的道路,那么,可以说日本是一个开发了崭新的装备的先驱国家,理应获得全世界的尊重与关注,难道不是吗?

东浩纪《普遍意志 2.0 卢梭、弗洛伊德、谷歌》

我还记得我当时第一次接触这本书的时候有多么地兴奋。稍后在黑格尔的《辩证法》一节中我还会详细说明。如果说历史是螺旋式发展的,也就是“回归”与“进化”是同时在发生，那么借助ICT（信息通信技术）的力量，或许可以让古希腊的直接民主制以一种更加凝练的方式得到复活。这对于不擅长热烈讨论的日本人来说确实是一个明智的未来构想。然而，我们冷静地想一想，就会发现这个构想中有一个很大的瓶颈——"究竟由谁来建造和运营这个可以汲取普遍意志的系统呢？"

东浩纪把谷歌当作一个从不特定人群中收获集体智慧的成功案例进行了介绍。他认为我们如果把跟谷歌一样的机制进行拓展，应该就可以活用到社会运营上面来。但是，谷歌以其秘密主义而臭名昭著，给出搜索结果的算法被人称为"黑盒子"，只有极少数人有权访问。也就是说，谷歌所依据的民主主义（仅限他们自认为的民主主义），是依靠极少数人才能参与的算法和系统，即"技术"才得以运营的，本质上是一种包含了悖论的东西。

如果吸收全体市民的普遍意志的系统和算法只被极少数人所掌控，那么从这个系统中输出的普遍意志是否真的是市民的心声，就没有人能保证了。恐怕，这样包含了"极端的信息不对称"的系统一旦拥有了绝对性的力量，就可能变成乔治·奥威尔（George Orwell）在《1984年》一书中描绘的老大哥（Big Brother）那样拥有了绝对的权力。而实际上卢梭所说的普遍意志，有可能会达到"如果普遍意志要让一个人去死，那么这个人也必须服从"的程度，因此曾经被"伟大的有见识之人" 伯特兰·罗素（Bertrand Russell）

指名道姓地攻击道："希特勒就是卢梭的归宿。"

许多哲学研究者对罗素这个相反论点提出了批判，认为"罗素误解了卢梭真正想表达的意思"。但是我个人觉得这种批判完全没有抓住重点。卢梭真正想表达的意思根本不重要，重要的是，读了卢梭留下来的这些文章的独裁者，如果把普遍意志这个概念当作方便自己专横跋扈的工具来使用，那么卢梭也确实可以成为一个被人攻击的对象。这个逻辑就好比"如果我误解了你的意思，那么你写出让人误解的文字也是你的问题"。类似的事情还有，经常有一些冒冒失失的议员喜欢用这种借口来逃避责任，说："我不是那个意思，是我用词不当，确实容易让人产生误解，真的很抱歉。"

话说回来，如果一个集体意志决定的系统没有体现出个人的想法或见识，那么可以确认的一点是这个系统存在危险性。假如说有一天执政当局给民众发出这样的通告："通过收集并分析大量的数据，得出了一个结果，如果把你从这个社会上除掉，将会给全体社会带来巨大的利益。"我想给一个社会系统赋予如此大的权限在伦理上是不会被允许的吧。

然而另一方面，基于信息的集中处理而做出的决定，跟个人的决定相比有着更高的品质，这也的确是事实。这里给大家介绍一个案例。

1968 年，在地中海实施的军事演习结束之后，美国核潜艇"蝎子号"消失了。为了找寻它的踪迹，当时的搜索行动指挥官，原海军士官约翰·克雷文召集了数学家、潜水艇专家、海难救助队等领域知识丰富的人，让他们去推测出"蝎子号"发生了什么样的故障，怎样下沉的，是否已经沉入海底等各种情况，然后用贝叶斯概率将这些不完整的预测信息进行重叠，最终推测出颜色最深的交叉点就是潜水艇沉没的地点。被克雷文叫来的这些人中，没有一个人推测出克雷文最终算出来的结果。也就是说，最终被测算出来的沉没地点，只是单纯数学上的集合交叉点而已，并不属于集团当中的"某个人"单独推测出来的结果。

后来的事实证明，这个集合交叉法的推测极其正确。在"蝎子号"销声匿迹 5 个月之后，已经被损毁的潜水艇在海底被找到。而找到它的位置距离克雷文推测出来的沉没地点仅相隔了 200 米。

这则故事告诉我们一个道理，集体的意志决定如果运用得当，就可以比这个集团中最聪明的人做出更好的决定，得出更准确的结果。

在人工智能和通信技术高度发展的今天，我们真的是要继续维持本质上与古希腊时代执行的东西没什么两样的民主主义的运营方针吗，还是将日新月异的科技以某种形式运用到我们的社会运营中去呢？诚然，很多人都感觉现在的社会运营方式有问题，但是如果因此就放手不管，由容易导致过程中出现黑盒子现象的普遍意志来运营这个社会，又存在很大的风险。因此我认为，在这两者之间如何选择一个最佳的平衡点，是生活在 21 世纪的我们所要面对的最大的问题。

看不见的手
——与其追求"最优解"，不如追求"让人满意的解"

亚当·斯密（Adam Smith，1723—1790）

英国哲学家、伦理学家、经济学家。出生于苏格兰。著作包括伦理学书籍《道德情操论》（1759年）和经济学书籍《国富论》（1776年）。虽然斯密被认为是现代语境中偏向于批评立场的"市场原理主义"的开山鼻祖，但实际上亚当·斯密担心的是由于乱用市场原理而导致道德或者人性遭到轻视，因此他在《国富论》中是想要唤起人们的注意而已。斯密所想的事情，其实更倾向于：在市场上的交换过程中，"与他人之间的共鸣"是很重要的，为了市场原理的健全性，就有必要培养以道德情操为基础的社会风气。

所谓的"看不见的手"指市场的调节作用。在日语中市场写作"市場"，有两个读音，一个读作"Shijyo（一般指无形的市场)",另一个读作"Ichiba（一般指有形的菜市场)",不同的读音给人的感觉不同。在这里我试着用 Ichiba（菜市场）的方式来解读一下。

当我们想要在菜市场卖点什么东西的时候，如果价格设置过高就会没人来买，然而如果卖得太便宜又无法持续供应，因此该商品最终会从这个市场上消失。为了持久地在这个市场内销售商品，就必须用合理的价格进行销售。也就是说，在这个市场中，有一种无形的压力在调整着价格，让它既不会"过高"也不会"过低"。那么，这个压力究竟来自何方呢？实际上市场本身就具有调节机制，因此，亚当·斯密将这种无形的调节机制称为"看不见的手"。通过这个"看不见的手"来调整价格，能够促使市场整体上的交易量在中长期内取得最大化。

我想，正如大部分人所熟知的那样，如今这种机制被人称为"市场原理"，那可能有的朋友就要问了，为什么我还要特地提起呢？因为我认为这个机制不仅适用于价格调节，还适用于更广阔的领域。这又是怎么一回事呢？简单来说就是，"看不见的手"是一种帮助我们找到最优解的有效方法。

刚才，我对市场当中的价格决定机制进行了说明。在市场调节过程中，价格并不是预先固定好的，而是处于一种和谐的状态。您注意到了吗？这个与所谓的经营学中的思考方式是完全不同的。在经营学中，尤其是市场营销学中，为了确定最优的价格而需要使用各种各样的分析逻辑。也就是说，执行市场营销的主体用其理智的考察结果决定最优的价格，这才是市场营销的大前提。然而，斯密提倡的"看不见的手"中却不包括这种理智的考察过程。最优的价格得出的过程是，人们在市场上提出各种各样的价格方案，其中不妥的价格逐渐遭到淘汰，就像进化论中所说的自然淘汰的过程一样，然后最为妥当的价格才会被认可为最优价格而得到市场的认可。没有任何人可以事先知道最后稳定下来的最优价格是否就是理论上的最优价格。但是这个价格实际上也能卖，商家还是有钱赚的，因此不管是否是理论上的最优价格，至少可以说是一种非常务实的答案了。

在经营学中，基本上都是以执行经营的主体通过理智的考察，尽可能计算出接近最佳状态的方案为前提的。然而，这种方式提出的价格，与市场上经过自然淘汰之后逐渐稳定下来的价格哪个更为妥当呢？我想答案很明显是后者。也就是说，我们可以认为"看不见的手"是一种非常务实地得出实用方案的智能系统。如果我们只把这个系统放在市场上做价格调整的话就太浪费了。

我来举个例子说明一下如何让"看不见的手"这个务实性的智能系统发挥作用吧。曾经有一位客户，找我来咨询关于郊外的大规模研究设施进行布局的问题。对方提出的咨询内容是这样的：在这个研究所的中间有一个很大的庭院，里面需要铺满草坪，周围要建讲堂或者宿舍等4栋建筑物。问题是，如果他们希望尽可能多地保留草坪，又要铺设连接4

栋建筑物的步道，应该如何收集信息，怎样进行处理才能让道路的便捷性和草坪的数量之间达到最佳的平衡。

这种情况下，理论上如果要找到最佳的解决方案，应该先实施调查，了解4栋建筑物之间的交通流量的需求，然后再选择达到一定的交通流量的线路来设置步道，也就是从数学的角度来说要采用图形论的方式来进行规划。实际上客户也是这么想的。

但是，我认为这个做法不仅劳民伤财，而且还得不出什么很好的答案，只能说是一种纸上谈兵的方案。对于现实中的交通流量大小，如果不在附近生活就根本预测不出来，而且交通流量也有季节性的差异，想要正确预测出来就需要一整年的时间来调查。的确，理论上这可能是获得最优解的方式，但是我在想，除了"非常满意"，有没有一种"一般满意"的解决方式，而且不需要耗费人力物力就能轻松解决呢？

于是我最终放弃了寻求最优解的思路，而是建议客户选择一个更加务实的做法。这个建议就是，整个庭院铺满草坪，等到4栋建筑物都盖好后就那么放着等上一年。这样做会发生什么呢？没错，随着人员的走动，有些地方的草会逐渐变少，最后草坪被踩秃了的地方就是人流量较多的路线，那时只需要按照这个路线铺设步道就好了。

也就是说，能够想到的步道铺设路线有无数种，而这种是放弃了让铺设道路之人根据理智进行考察判断，而是将铺设路线交给了市场选择，去看哪里会聚集更多的人。也许最终浮出水面的路线并不是理论上能够说明的最优路线，但是对于大多数人来说基本上是能够满足的。

在把逻辑思考当作一种从自主的角度寻求最优解的技术而迅猛发展的今天，"不知道什么才是正确答案，就让它自然而然地出现结果吧"这种思维方式，也许会被人认为是一种放弃思考的表现也说不定。站在经营管理的角度来说，对于一个人从头到尾都依靠自己的脑子进行思考的态度，人们只会将其看成是一种美德，而没有人会认为这个人很愚蠢吧。然而，所有的最优解都能靠自己推导出来，这么想其实也可以说是一种知识上的傲慢。亚当·斯密对于持这种态度的人，在另外一本著作《道德情操论》中，给他们起名为"拥戴秩序体系的人（the man of system）"，对其进行了彻底批判。

拥戴秩序体系的人（the man of system），容易自以为非常聪明，并且常常对自己所想象的政治计划中那种虚构的完美迷恋不已，以致不能容忍它的任何一部分稍有偏差。他不断全面地实施这个计划，并且在这个计划的各个部分中，对可能妨碍这个计划实施的重大利益或强烈偏见不做任何考虑。他似乎认为它能够像用手摆布一副棋盘中的各个棋子那样，轻易地摆布偌大一个社会中的各个成员；他完全没有考虑到的是：棋盘上的棋子除了被摆布时手的作用外，不存在别的行动原则，但是在人类

社会这个大棋盘上，每个棋子都有它自己的行动原则——这
个原则与立法机构赋予个人的行为准则完全是两码事。

亚当·斯密《道德情操论》

也许有的人看完亚当·斯密这番陈述，会梦想着共产主
义社会的精英形象。纳西姆·尼古拉斯·塔勒布在他的著作
《反脆弱》中，将同样的知识上的傲慢命名为"苏维埃—哈
佛错觉"，说的就是以能够明确把握因果关系为前提的，科
学的自上而下的一种思考方式，塔勒布将其认定为"使系统
变得脆弱"的因素而一刀砍掉了。

现如今一切事物的关联性都变得越来越复杂，且变化的
动态正在日益增强，在这样的社会中，还认为依靠个人智慧，
自上而下式地思考能够获得最优解的话，就不只是知识上的
傲慢，而更是一种滑稽了。所谓的最优解，不应该是理论上的、
不顾现实问题的最佳，而是可以通过一种更加务实的方式去求
得的"让人满意的解"，需要具备更多的灵活性才行。

自然淘汰
——适应能力的差距是由于突变偶然引发的

查尔斯·达尔文（Charles Darwin，1809—1882）

英国自然科学家、地质学家。他提倡"进化论"，认为所有的生物种类都是由共同的祖先经过漫长的岁月，历经被他命名为"自然淘汰"的过程而进化过来的。由于这项功绩，今天我们提到达尔文通常都把他当作一名生物学家，但实际上他还是一名优秀的地质学家，现代学术界也认可其地质学家的身份。

也许有人会觉得很奇怪，为什么我会在一本写哲学的书中把达尔文的"自然淘汰"当作一个关键词来讨论。这个原因就在于，达尔文的主业原本是地质学，在他的一生中，他也曾是一位响当当的地质学家。即使我们抛开这个不谈，我也认为达尔文所提倡的自然淘汰的概念，对于我们理解这个社会的成立与变化是非常有用的概念，因此我决定放上来介绍一下。

自然淘汰，作为说明进化过程的唯一一个词，一直让人感觉有些一枝独秀的味道。实际上达尔文所提倡的内容有如下3个要素：

①生物的个体中，即使属于同一种类，也会看到各种各样的变异——突变。

②在那样的变异体中，能够看到某些东西从上一代传递给了下一代——遗传。

③在变异体中，有某种东西能给自身的生存或繁殖带来有利的差异——自然选择。

说实话，在很长的一段时间里，我觉得"自然淘汰"这个概念似乎有哪里不太对劲。这个是非常感性的，比如，每当我看到同树叶长得几乎一模一样的昆虫，或者怎么看都觉得是沙砾的具有保护色的蜥蜴等，我都会觉得，要说这不是生物体有意而为，而是"偶然间"获得的一种特质，实在是太令人难以置信了。

之所以会这么想，是因为当时我只把上述3个要素中的第三个单独拎出来考虑了。然而实际上达尔文所想的事情并非如此。比起"自然淘汰"来说，似乎"突变"才更像一个关键要点。因突变而获得的特质，当然不可能是事先规划好了的。突变的方向性极其多样化，从概率来说，对于生存和繁殖有利的突变与不利的突变之间应该会有一个中间值，然后整体呈现正态分布的模样。

我想，在以往的历史中，由于基因突变可能也曾出现过橙色的蜥蜴或者绿色的蜥蜴。但那样的特质对于物种的生存与繁殖而言不利。因为在沙漠地带，橙色或者绿色的蜥蜴太过醒目，很容易被天敌盯上。因突变而拥有了这种特质的个体，被天敌捕食的概率相对来说要更高一些，因此其结果是不会将这种特质遗传给下一代。

究竟什么样的特质会更有利，这是无法事先预知的。所谓的自然淘汰的过程就是，像扔骰子一样扔出各种各样的突变，然后"偶然间"拥有了有利特质的个体通过遗传将这种特质传给下一代，而拥有不利特质的个体被逐渐淘汰。而这个过程则会非常漫长。

一般来说，生物的繁殖能力都会大于环境的承载能力（生物能够生存的上限值），因此同一种生物之间会产生生存竞争，拥有对生存和繁殖更有利的特质的个体会将这种特质传递给更多的子孙后代，而拥有不利特质个体的后代会不断减少。像这样，个体所拥有的对于环境的适应能力就被"筛选"出来了，这就是自然淘汰的核心机制。

话说回来，这个概念能给生活在现代的我们带来什么启示呢？自然淘汰的机制告诉我们，更适应环境的生物将会得以生存下来，而其中的关键应该在"适应力的差距是由于突变而偶然出现的"这一点上。突变这种非事先预定好的变化能够产生适应力的差距。嗯，意味深长啊。之所以这么说，是因为我们潜意识中把突变当作出错来看待了。

我们通常会把出错当作一种消极的、负面的东西，总是试图避免或者将它排除。然而，在自然淘汰的机制中，"出错"是一个必需的要素。由于发生了某个正向的"出错"，这个生物体的整体表现都会得到提升。同样的机制也适用于蚂蚁窝，我们一起来看看吧。

在蚂蚁窝里，一只工蚁如果在外头发现了食物，那么就会一边释放信息素一边回到巢穴里面去呼叫小伙伴们帮忙，然后其他的蚂蚁根据地面上的信息素就能知道食物所在的位置和去的路线，于是从巢穴到食物之间就会形成一个搬运的分工合作传送带，把食物一步步搬运到巢穴里面。因此，可能有人会以为，对于巢穴里面的成员来说，获得食物的效率最大化的关键在于如何正确地追踪信息素这一点上，但是实际上好像并非如此。

广岛大学的西森拓博士的研究小组进行了一项很有意思的研究。他们用电脑模拟出了信息素追踪能力的正确性和一定时间内蚁群搬回的食物数量的关系，并对此进行了分析。实验中，他们将多个六边形连在一起组成的平面空间内，设置一只蚂蚁 A 让它去发现食物并且留下信息素告知它的小伙伴，而追随着蚂蚁 A 来搬运的蚂蚁中，既放入 100% 完全按照信息素的路线来走的"认真蚂蚁"，也放入一定比例的"马大哈蚂蚁"，它们可能会搞错，往左或者往右的格子里面走去。根据这个"马大哈蚂蚁"的混合比例来看搬食物回去的效率如何变化。

实验结果如何呢？结果发现，相比于只存在完全按照 A

的路线来走的优秀的蚂蚁们带回蚁群的食物，在有"马大哈蚂蚁"存在的时候，其带回食物的效率在中长期来看会更高。这究竟是怎么一回事呢？原来，如果蚂蚁 A 最初留下信息素的路线并非食物到巢穴的最短路线，那么一定比例（具体数值未知）的"马大哈蚂蚁"不小心走错之后，可能会意想不到地发现最短路线，因此其他的蚂蚁也改为走这条最短路线，最终结果，"短期的低效率"就变成了"中长期的高效率"。

我想，这些在自然界中随处可见的"偶发性出错导致进化得以被推动"的现象，能够给予我们的社会非常大的启迪。

比如说，偶尔会有人跟我提到"我们公司的 DNA"之类的话。所谓的突变，正是指尽管有意识地想要把这种"我们公司的 DNA"正确地传递给下一代员工，然而由于某种过失导致内容复制出错才出现的结果。如果我们知道，在自然界中，适应能力的差别并非计划或者有意而为，而是通过一种偶然而产生的，那么在组织运营或者公司运营的时候，我们也许应该改变那种试图以某种计划来有意地往更好方向改变这种傲慢的思考方式，集中注意力去创建一种职场氛围，激发出更多的"积极的偶然性"才更好吧。

失范
——"工作方式改革"的前方有一个可怕的未来

埃米尔·杜尔凯姆（Émile Durkheim, 1858—1917）

法国社会学家。他在学术领域为社会科学的创立做出了巨大的贡献。

同时就职于多家公司、能够短期内转换不同的公司，或者根本不隶属于某个特定的公司，而是以个人身份参与到各种各样的项目中去……像这样的一些工作方式，现如今的我们可能会以一种"好酷哇"的语气来赞叹它们。然而这类工作方式一旦变得标准化，即在所谓的"后工作方式改革"成立之后的社会中，会有怎样的隐忧呢？我个人认为，最大的风险在于社会的失范化。"失范（anomie）"这个词原本是法国社会学家埃米尔·杜尔凯姆提出来的一个概念。通常这个法语词多被人译为无规范、无规则等，但是这些更贴近于失范所带来的结果，因此我个人觉得如果尊重原著的上下文，应该是译作"无关联"更合适一些。

杜尔凯姆在他的两部著作《社会分工论》和《自杀论》中都有提及失范的概念。

首先在《社会分工论》中，杜尔凯姆指出在分工过度发展的近代社会里，很少有人能够了解整个生产链的全过程，不同工种之间难以统合，因此无法形成共同的规范。对于这样的观点，我们应该非常容易产生共鸣吧。现如今，大多数发达国家的贫富差距之大已然成为巨大的问题。这种贫富差距可以说完全等于"职业之间的差距"。比如，年薪数亿日元也不稀奇的外资金融公司的世界，与被这些金融公司单纯当作"商品"来买卖的快餐行业或者建筑行业的世界，很难想象这两个世界之间能有什么共同的规范可言。

接下来在《自杀论》中，杜尔凯姆将自杀分为以下三类，并预言"失范式的自杀"将会有所增加。

①利他型自杀（集团本位的自杀）

在人们被迫服从于集团的价值体系的社会中，或者基于个人的价值体系、行为规范而自发地、积极地服从于集团价值体系的社会中可以看到的一种自杀类型。

②利己型自杀（个人本位的自杀）

由于过度的孤独感或者焦躁感等造成个人与集体之间的纽带关系变得微弱，因而引起的自杀类型。通常认为这是伴随着个人主义的不断扩大而增多起来的一种自杀类型。

③失范型自杀

集团、社会的规范越来越模糊，当人们获得了更多的自由，自己内心不断膨胀的欲望无法得到满足，因此不断进行追求，由于无法实现而感到幻想破灭，内心感觉无比空虚而引起的自杀类型。

杜尔凯姆想要表达的观念是"即使社会的规则或者规章制度有所放缓，个人也未必就能够变得自由，反而会陷入不稳定的状态。规则或者规章制度变得松懈，对于整个社会来说也不见得是好事"。如果一个国家陷入了失范状态，那么个人就会失去组织或家庭的关联感，犹如浮萍一般在社会上飘荡，内心难免受到孤独感的煎熬。看来这个"后工作方式改革"的社会景象着实有些凄凉啊。

日本在第二次世界大战以后，以天皇为中心的国家体制几近崩溃，但是在昭和三十年（1955年）之前，日本以村落共同体来当作防止社会失范的堤坝，在那之后，左翼活动与公司一同起到相同的作用。即通过形成具有相似性的行为规范，促进人与人之间的纽带关系的形成，进而维持一定规模的集团社会的凝聚力。然而最近20来年，这种凝聚力正在变得越来越弱。"只要考入好的大学，进入好的公司拼命努力工作，就能一辈子过得幸福快乐"这样的故事已不再奏效的时候，我们也很难去期待一个公司能够在防止失范这件事情上起到多大的作用。

事实上，在现在的日本，有许多现象都在警示我们如今失范正在不断发展。我刚才说过失范其实是指失去关联性，其实稍微早些时候很流行的宫台真司的"无缘社会"这个词，无疑就是在提醒我们这个社会正在慢慢陷入失范状态。此外，日本在20世纪90年代之后，自杀率在不断攀升，这也是杜尔凯姆曾经指出的事情。加入邪教的成员向年轻人倾斜也是在20世纪90年代以后变得更加显著的现象，对此我们也同样可以认为是年轻人对于社会失范的一种无意识的反抗。

公司的解体、家庭的解体不断多发的情况下，什么才是防止社会失范的关键呢？我认为关键有三。

第一，家庭的复兴。日本的离婚率在第二次世界大战结束后到20世纪60年代之间曾有过缓慢下降，之后几乎一路高歌猛进，直到进入高原状态并持续维持。也有几个社会现象在暗示我们，今后这个状态将有可能得到改变。比如说美国也好，日本也好，都有出现结婚年龄提前的倾向，有人认为这是"家庭回归"的一个佐证。此外，在美国的分析中，有统计数据表明，那些目前是20多岁或者30多岁的年轻人，由于小时候目睹了父辈在20世纪80—90年代裁员浪潮汹涌的时候被公司辞退，会认为"公司早晚会背叛员工的，最终能够依靠的只有家人"，也就会比其他年龄层的人们具有更强的家庭意识，更重视自己的家人。在日本也一样，有越来越多的所谓市井小混混出现，他们非常重视家人和朋友这种小范围内人际关系的社会资本，这种现象也可以认为是同样的一种逻辑。而另一方面，处于大都市的人们就完全与之相反，可以说有一种"家庭破裂"的趋势，因此看起来两极分化。

第二个值得期待的方面是社交媒体。尽管说这话容易被人指责过于乐观或者天真，但是如果我们认为公司或者家庭的解体是不可逆转的过程，那么就需要一种崭新的社会构造。哲学家弗里德里希·腾布鲁克曾说："覆盖全体社会的结构一旦解体，那么在其下层的单位的自立性将会得到提升。"如果他说的是对的，相对于公司或者家庭的结构解体来说，作为历史的必然性而言，就必须形成新的社会纽带才行。虽然是略带我个人希望的预测，但是我认为社交媒体可能发挥这样的作用。

第三是能够替代"公司"这种"纵向型社区"的一种"横向型社区"。用稍微有点历史感的词语来说，就是要让"行业协会（Guild）"复活。社会人类学家中根千枝在《纵向社会的人际关系》一书中曾指出，在第二次世界大战后到平成年间的日本，"公司"这种纵向结构的社区对于大多数人来说是最重要的一个社区组织。然而，如方才所说，由于公司的寿命变得越来越短，根据经济情势的要求，预计被排除在这种社区以外的人将会越来越多。在这样的情况下，这种"纵向结构的社会"今后不可能永远持续下去。那么要怎么办呢？其中一个可以考虑的方案是，将"公司"这个组织转变成"职业"的组织，使得整个社区进行一种大的转变。这并不是什么特别罕见的事情。在欧洲已经有按照职业区分的工会而非按照公司区分的工会了，而且这种趋势正在变成一种新的标准。在日本，就业还停留在"进入某一家企业就职"的概念，但是"就业"原本应该是指"从事一种职业"而非"进入一家企业"。换言之，是要让那些从事相同工作的人同属于一个组织，并在这样的集团组织内部给自己打造一席之地。

不管怎么说，最重要的事情就是我们必须意识到，公司这种"纵向型的社区"对我们个人来说已经不再是个安全的堡垒了，我们需要自律地去创建自己可以归属的社区。不管是家庭也好，社交网络也好，或者是按照职业划分的协会也罢，如果自己没有去创建或者参与，并且加以维系的主观意识，是不可能成立的。我想只有这样做，我们才能顺利适应新的时代，而不会让自己陷入失范状态。

赠予
——创建一种不同于"提供能力，获得酬劳"的关系

马塞尔・莫斯（Marcel Mauss，1872—1950）

法国社会学家、文化人类学者。他出生于法国东北部的洛林（Lorraine），是埃米尔・杜尔凯姆的外甥。继杜尔凯姆之后，对"原始民族"人们的宗教社会学和知识社会学进行了研究。

在西欧真正将"赠予"问题拿上台面讨论的第一人，恐怕当属文化人类学者马塞尔・莫斯了。莫斯走遍波利尼西亚，发现那里的人们的经济活动并不是由西欧等地的"等价交换"驱动的，而是由"赠予"感性驱动的，并将这种发现介绍给了西欧各国。

生活在现在的我们听到"赠予"这个词，可能会把"被赠送的物品"解读为商品券或者压岁钱之类的，总之是具有某种经济价值或者是有用的东西。然而，莫斯所说的波利尼

西亚人进行的"赠予"行为，却完全不是这样的。比如，在波利尼西亚，人们互赠的东西叫作"Taonga（宝物）"，在美拉尼西亚则是互赠一种叫作"Kula"的由贝壳或者花朵装饰的器具。据说为了交换这些 Taonga 或者 Kula，各个部落的人都拼了命地划着独木舟到汹涌的海里去捡贝壳，甚至时不时有人为此而丧命。也许有人会问，何必为了交换那种东西而拼命呢？其实反过来想就知道，我们也是一样的。站在他们的角度来说，我们日本人也是为了交换一些印着"日本银行券"的纸张在劳心劳力，有时候还有人为了它而杀人，因此我们感慨他们"为了点鸡毛蒜皮的东西去拼命"，只能说是五十步笑百步了吧。

莫斯认为，波利尼西亚人之间进行的"赠予"，与我们现代人所使用的"赠予"一词在意思上有着很大的不同。要说具体哪里不同的话，应该在于"赠予是一种义务"这一点上。根据莫斯的说法，赠予中有 3 种义务，分别是：

①赠予的义务，不赠送等于违反礼仪，会丢面子。

②接受的义务，即使觉得对方的赠予是在帮倒忙，也不能拒绝。

③回礼的义务，一定要回赠对方。

这要是当作一种算法规则放入电脑程序中，那这个交换过程就会永远持续下去了。换句话说就是，这 3 种规则中被当作义务的是一种交换活动，用我们现在的话说就是经济活动，也等于为了 GDP 不萎缩而进行的、列维·斯特劳斯口中的"野性思维（The Savage Mind）"吧。

　　现如今，我们衡量人的经济活动的价值方式主要有两种。第一种是劳动价值论，通过"投入的劳动量"来决定事物的价值。最早出现劳动价值论的是在古典派经济学中，后来这个思想被马克思政治经济学继承和引用，成为一种思想体系的基础。第二种是效用价值论，通过"效用的大小"来决定事物的价值。与提倡劳动价值论的古典派经济学相对应，我们把提倡效用价值论的经济学家称为新古典派。所谓的效用用英语说就是"Utility"。给亚当·斯密的思想带来了影响的杰里米·边沁提出的"功利主义"，其英语就写作"Utilitarianism"。日语中翻译成"效用"可能有些生硬，也许翻译成"随便用"会更接近本意一些吧。因出版了《创新者的窘境》（*The Innovator's Dilemma*）而声名鹊起的哈佛大学教授克雷顿·克里斯坦森（Clayton M. Christensen）说："人们并不是在购买商品，而是为了解决某种问题而在雇佣商品而已。"如果您看到这句话不用考虑得太复杂，用效用价值论来思考就很容易理解了。

　　说到这儿，您已经知道衡量事物的价值有"劳动价值论"和"效用价值论"这两种方式了。但是光有这两个理论并不能良好地说明"赠予"这个行为。这里已不在经济学的界限范围内了，换句话说，经济学中并不包含交换的最根源的形态——"赠予"。作为经济学的经典教材，格里高利·曼昆或者保罗·克鲁曼的《微观经济学》中也几乎没有涉及有关赠予的问题。

　　莫斯认为问题就在这儿。为什么莫斯特地把"赠予"当作一个问题提出来呢？那是因为在近代之后的欧洲社会，由于人们失去了赠予的习惯，导致在经济体制中也丧失了人性。对此莫斯予以批判。莫斯通过《赠予论》不仅指出了赠予和给付的体系是人类社会的"基石"，近代以后的货币经济是"道德上的扭曲"之物，还针对如何从货币经济转型到赠予经济提出了自己的方案，构想着实非常大胆。

　　然而莫斯的问题意识到现在仍然没有得到解决。不管是劳动价值论，还是效用价值论，如果事物的价值能够被正确衡量，就不会出现"雷曼风暴"了。正是由于事物的价值被不当地过高估价，或者相反不当地过低估价，社会上才会产生各种各样的问题。

　　针对莫斯指出的近代以前"赠予"是交换的基本形态这一点来说，有各种各样批判的声音。因为莫斯调查的只是南太平洋极少数部落，以这样的调查结果为基础来得出"全人类的起源"的结论，作为学术论文来说可以说相当地站不住脚，算是一篇槽点颇多的论文了吧。因此，我们姑且以"假设真的是这样的话"为前提来展开思考吧。

　　如果如莫斯所说的那样，"赠予"是交换的基本模式的话，那么我们恢复到那个状态之后能够带来什么样的新的可能性呢？

　　现在，包括我本人在内，绝大多数人都是将自己的能力或者感性提供给某个公司，然后作为代价，公司会给我们支付工资。我们的经济活动就是靠这样一对一的等价交换来构成的。我们心里已经对这种"一对一的关系"有了预设，认为工作就是这样一回事，根本不会去怀疑什么。然而仔细想一想，其实这种构造变得普遍存在也不过就是近百年的事儿。随着资本主义的抬头，股份有限公司这种"创造财富的平台"形成之后，为了降低社会上劳动力的交易成本，才形成了这种"一对一的关系"，而这对于大多数人而言便成了一种"理所当然"。

然而，如今网络已经如此普及，在这个能力与需求相挂钩的社会成本急剧下降的时代，这种"一对一的关系"真的是我们应该坚守的、有价值的东西吗？

比如，如果有人能够赏识自己的能力或者感性，那么我们向这些人"赠予"我们的才能而不去明码标价，然后从他们手中获得些许回礼，以此生存下去，这样的事情难道真的不可能吗？再比如，某个音乐家有 1000 个粉丝都认为"希望这个人以后能够一直做出好音乐"，然后这些粉丝每个月给这个音乐家捐款 1000 日元，这样音乐家也足够生活了吧。于是，基于这样的"赠予"和"感谢"的交换的关系，应该能让人感到一种非常满足的充实感，并给赠予才能的一方带来很强烈的自豪感吧。想想都觉得好期待好兴奋呢！

第二性
——性别差异根深蒂固，已经融入人的血液和骨骼

西蒙娜·波伏娃（Simone de Beauvoir, 1908—1986）

法国作家、哲学家。她在拥护萨特的存在主义的同时，也从女权主义的立场为追求女性解放而奋斗。

波伏娃这个人，用现在的话说就是一个女权运动者，是一个强烈呼吁女性应在社会压力的压迫中得到解放的人。波伏娃虽然是萨特的妻子，但是由于两个人都允许对方自由地交往异性。这完全不像是"普通夫妻"之间该有的模样。虽然两人哲学方面的思想不一样，但是两个人共同的一点是都很抗拒"压抑"和"拘束"，因此可以说他俩是惺惺相惜吧。

波伏娃在她的主要著作《第二性》的开头，写下了一句著名的话："On ne naît pas femme, on le devient.（我们并非生来就是女人，我们是成为女人。）"这句话由于非常简洁易懂，20世纪后半叶曾作为女权主义的标语在各种

各样的场合都有出现，成为脍炙人口的一句话。换句话说，波伏娃是将"生物学上的女性"与"社会人的女性"进行了整理，认为并没有天生的女性，是因为这个社会的普遍要求，才被迫成为"女性该有的模样"。

不过，波伏娃的这个观点，是以她出生到去世那段时间的法国现状为前提的。那么"女人该有女人的样子"这种社会压力是如何随着时代或者社会的变化而变化的呢？想想看还是很有意思的。毕竟，某研究结果表明，在日本的文化中，"女人就该有女人的样子"这种社会压力是在世界范围内也是数一数二的。

在对这一点进行考察的时候，让我把本书另外的章节中介绍的荷兰社会心理学家吉尔特·霍夫斯塔德提倡的"男人魅力 vs 女人魅力"一起拿出来探讨吧。

重新说一下背景，霍夫斯塔德接受了 IBM 的请求，对各国的文化差异按照以下 6 个维度进行了整理。

① Power distance index（PDI）权力距离指数——上下关系的强度。

② Individualism（IDV）个人主义——个人主义倾向的强度。

③ Uncertainty avoidance index（UAI）不确定性规避指数——对于不确定性的事情刻意回避的倾向的强度。

④ Masculinity（MAS）男性主义——追求男性魅力（女性魅力）的倾向的强度。

⑤ Long-term orientation（LTO）长期取向——具备长远视野的倾向的强度。

⑥ Indulgence versus Restraint（IVR）放纵与克制——偏向于享乐还是禁欲。

在这里希望大家关注的是第四项，"追求男性魅力（女性魅力）的倾向的强度"。霍夫斯塔德自己对于这个指标是这样看待的：

首先，在"男权社会"（霍夫斯塔德以英国为例），在进行社会生活时根据男女性别差异而清晰地划分界限的倾向会增强。此外，对于劳动也有明确的区别，需要积极主张自己意见的工作会被分给男性。男性会被要求在学校里面成绩好，在竞争中获胜，在公司出人头地。

其次，在"女权社会"（霍夫斯塔德以法国为例），在进行社会生活时男女性别差异很小，几乎扮演着相同的角色。相比于逻辑或者成果而言，更加重视良好的人际关系或者妥协、日常生活的智慧，以及社会功绩等。

最后，在这个"男权社会"的排序中，很遗憾地告诉大家，日本在53个被调查的国家中以绝对领先的分数位列第一。顺便再告诉大家，全世界女性社会参与度最高的北欧各国总体来说分数比较低，比如瑞典就位于最低的第53位。现在，日本政府已经把"女性的活跃"当作政治目标了。但是大家先心里有个数吧，想要把日本变成"女性容易工作的社会"，实在是极其具有挑战性的目标。

我们要怎样才能实现具有这个挑战性的目标呢？关键在于，那些在社会上掌握实权的男性们如何看待自己所处的社会中有关性别差异的认知与感性的扭曲，即"性别偏见"。

这时候，最危险的莫过于陷入一种自欺欺人的状态，认为自己没有那种偏见。这个国家的性别差异根深蒂固，已经深入我们的血液与骨骼，非肉眼所能见。极端一点说，我想现在的日本没有一个人是真正没有性别偏见的。

说到这儿，我想起曾经发生过这样一件事情。公司在评审休完产假的女性的晋升问题时，非常令人尊敬的荷兰上级领导突然站起来，毅然说出来这样一番话：

> 我原以为日本是一个文明国家，但是今天听到大家的讨论我感觉非常震惊。我完全无法想象这么远古时代的对女性差别对待的讨论，会在我们公司全球办公室的某一个角落真实地发生着，恕我直言，我觉得这是不可原谅的。

这个时候，让人印象深刻的一幕是，几乎所有在场的日本人都流露出惊讶不已的表情，对这位荷兰人义愤填膺的指责感到茫然无措。也就是说，大家心中都认为"我们完全没有恶意，更别说是有意区别对待了，但是被人这样指责真的很出乎意料"。然而恰恰问题的根源之深、难度之大就在这一点上。

如果被人指出问题后能够感觉到害臊和尴尬，那还有得救。因为能够"被人戳中痛点"说明内心已经有罪恶感了。但是，当时并不是这样，在场的那些人被人指责的时候，全都在疑惑"我们哪里有表现出来那样的性别歧视了呢"，完全不知道自己错在哪里了。

　　由于参加会议的人是外资咨询公司的董事们，理应是具备民主自由的价值观的集体，然而连这样的人们都在不知不觉间，在评审"一个员工的晋升问题"这样敏感的场合下，被自身熏染的性别偏见影响到了。这个例子可见一斑。

　　我认为，我们能够做到的是将两件事放在心上：一是要认识到日本是被极强的性别偏见所支配的国家；二是对于这样的偏见我们自身是毫无知觉的，大多数人都误以为自己不存在这种偏见，而这种残酷的、不知不觉的偏见，正在成为女性迈向社会的最大的障碍。

偏执狂与分裂症

——如果感到"好像很危险"，就赶紧逃

吉尔·德勒泽（Gilles Deleuze，1925—1995）

法国哲学家，是 20 世纪法国现代哲学的代表性哲学家之一。他与雅克·德里达（Jacques Derrida）等人一起被认为是后结构主义时代的代表性哲学家。

现如今年龄超过 45 岁的人可能还记得曾经有一段时间非常流行"偏执狂与分裂症"这样的词语。那是在泡沫经济破灭前夕的 1984 年，德勒泽与德里达合著了一本名为《反俄狄浦斯》的书，书中就用到了这个词语。由于浅田彰在他的著作《逃走论》中介绍了这个词语，因此广为人知，并获得了当年的流行词语大奖的铜奖。一个后结构主义词语居然能够成为流行语，那个时代真的是美好唯！如果我告诉您那一年的金奖词语是电视剧《阿信》引起的"阿信症候

群[1]"，大概您会觉得，"什么嘛，原来是这么古老的一个词呀！"但是我个人认为这个"偏执狂与分裂症"的概念在当下的日本具有更加深层的含义，因此决定介绍一下。

简单说一下，偏执狂的英文是"paranoia"，而分裂症则是"schizophrenia"。日语中对这两个词采用了音译的方式，以前3个音节来命名，即偏执狂=Parano，分裂症=Schizo。

那么"偏执狂"究竟是对什么东西偏执呢？答案是"身份"。具有偏执型人格的人，会执着于自己的身份，比如用"某某大学毕业、在某某公司工作、住在某某大厦"等方式介绍自己。他们为了更加精心雕琢自己的这种身份属性，会进一步迈向新的更具有综合性特质的征程。尽管人生中会出现偶发的机会或者变化，但是他们是否接受这种偶发性，是看这种偶发性是否与自己以往积累起来的身份认知相吻合而定的。因此，偏执型人格的人，在其他人的眼中是"人格具有一贯性，一生都简单易懂"的人。

德勒泽在他的另一部著作《千高原》中介绍了西方哲学长时间以来的思想基础：基于一个起点，像树一样不断开枝散叶的逻辑构造。与此相对地，他提出了没有固定的起点，

---

[1] 指的是这部从1983年4月开始播放了一整年的电视剧的火爆程度，收视率最高达到了62.9%而引发全民关注，出现了情感随着剧情而不断起伏的症状，是由美国《时代》杂志记者创造的词。——译者注

毫无秩序地四处扩散的一种"树根"式的概念，并将之命名为"rhizome（源自法语：根茎关系）"。如果把"偏执狂"与"分裂症"套用在这个 Tree 和 Rhizome 形成的对比结构上，理所当然地，"偏执狂"就相当于"Tree= 树干"的概念了。

那么"分裂症"指的是什么的分裂呢？这个答案仍然是"身份"。

具有分裂型人格的人，不会被某种固定的身份所束缚。他会按照自身的审美意识或者直觉自由地采取行动，他的判断、举动和发言都跟过去的身份没有太大的关联性，不会拘泥于是否符合自己的形象。当出现了偶发性的变化或者机会，这种人格的人只会根据当时的直觉来决定是接受或者不接受，而不会去回顾自己过去积累下来的身份特征是否与之相符。用刚才所说的 Tree 和 Rhizome 进行对比的话，这种分裂型的人格就相当于"Rhizome= 树根"的部分了。

德勒泽原本是运用了数学上的微分的概念来进行"差异"研究的哲学家，因此这里所说的"偏执狂"和"分裂症"的对比，如果用数学领域的话来说，偏执狂就相当于"积分"，而分裂症则相当于"微分"。

话说回来，这个"偏执狂与分裂症"的概念为什么在现在很重要呢？不如引用一段浅田彰的《逃走论》中的内容，相信您看完就懂了。

要说什么是最基本的偏执型的行为，当属"住"这件事了吧。自己盖一栋房子，以此为中心不断扩大自己的领土范围，同时不断积累家庭财富。独占一位女性为妻，拍拍妻子给自己生下的小孩的屁股，一家子不断发展壮大。这个游戏中如果中途哪一站停下来就输了。心中总想着"不能放弃，不能停下"，因此渐渐地会变成偏执型性格。要说这是一种疾病也的确是一种疾病，不过我们必须承认所谓的近代文明正是在这样的偏执驱动下才成长起来的。而且，只要成长仍在继续，那么虽然不算轻松，但是至少还能保持安稳。然而，当事态急转直下的时候，偏执型的人就显得比较弱了。搞不好会把自己关进城堡殊死反抗，到最后落得宁为玉碎不为瓦全的地步也说不定。在这里，跟这种"住民"相对的人物就该登场了，那就是"逃跑的人"。这家伙是一有什么危险就跑的人。他不会长时间待在一个地方，遇事拔腿就跑。因此必须要一身轻才行。他不会有一个名为"房子"的中心，总是不断地在不同的边缘徘徊。由于这种人不会聚财，也不会作为一家之长带着老婆孩子，依恋热炕头，因此总是随时用手边现成的东西满足需求，到处留情播下情种，后面孩子的成长也是交给老天爷来看运气。唯一靠得住的就是他对于事态变化的感知能力，对于偶然的直觉，仅此而已。这样说来，这种逃跑之人正是"分裂症"的人格表现。

浅田彰《逃走论》

这里说的什么播下情种之类的话我们暂且不去谈，我认为浅田彰的话中有两个重点。

第一个重点在于，"偏执型人格的人对于环境变化的承受能力比较弱"。正如大家熟知的那样，现在，企业或者公司的寿命都在不断变短。我们把这种状况和个人的身份形成放在一起来考虑会变成什么样子呢？职业是我们身份形成中最重要的一个因素，因此被一种身份所束缚就相当于被一种职业所束缚。然而，公司或者企业的寿命却在不断变短。将两者结合在一起看，就可以得出一个结论："固执于自己的身份是非常危险的。"堀江贵文在他的著作《多动力》中写道："兢兢业业埋头苦干的时代已经结束了。"因此他提倡"当你感到厌烦就立马放弃吧"。不过，您也可以把他的观点解读为，他认为比起"偏执狂"而言，"分裂症"更为重要，也就是说树根比树干更为重要。我们平时对于一些人"从一而终""心无旁骛勇往直前""十年磨一剑"之类的行为，总是报以赞许的目光。但是，如果一个人被这样的价值观束缚，过度拘泥于自己的身份认同，就有可能会演变成自杀行为。

浅田彰指出的第二个要点在于"逃跑"。浅田彰把"偏执型"人格的人比作"住民"，而把"分裂型"人格的人比作"逃跑的人"。其实与"住民"相比，明明可以有其他定义，比如"到处搬家的人""不断移动的人"，但是浅田彰不用这些，而是用了"逃跑"二字。我觉得这个定义相当犀利。所谓的"逃跑"是没有什么明确的去处的，总之就是要赶紧"逃离此处"。这里给人的感觉就是，"虽然我并没有想好要去什么地方，但是感觉这里不太妙，赶紧撤吧"，这就是分裂型人格的人内心的真实写照。

在职业论的世界里，我们常常听到别人说"你想想自己想要做什么，自己擅长做什么"。关于这一点，拙作《天职不用刻意寻找》中也有提到，我们去想这样的问题基本上是没有意义的。到最后，我们不实际投身于工作就根本不会知道这个工作是否有意思，或者自己是否擅长。如果一整天磨磨叽叽地想着"我想做点什么呢？"，可能连不经意间来临的机会都错失了。

换句话说，重要的是当你觉得"好像不太妙"的时候，赶紧撤离，不需要等到确定好去向何方。所以要更加睁大自己的眼睛，竖起自己的耳朵，关注自己身边的事态变化。刚才引用的浅田彰的《逃走论》中的那段内容里有一句话："唯一靠得住的就是他对于事态变化的感知能力，对于偶然的直觉，仅此而已。"这一点跟我在之前出版的《美感的力量》一书中提到的"相比于积累型的逻辑思考，大胆的直觉感受更重要"是同一概念。如果直觉告诉你"危险"即使周围的人都说"没事儿的"，那么也该赶紧逃了。这里很重要的两点是，"感知危险的这根天线的敏感度"与"决定逃离时所需要的勇气"。"逃跑"往往容易被人误以为是"没有勇气"的表现，实则不然，相反，正是因为"有勇气"才能够成功逃离。

当年我刚刚毕业进入公司的时候，广告代理是在就业人气排行榜中名列前茅的明星产业之一。然而时至今日，由于受到媒体和通信环境的巨大改变的影响，已经变成未来不确定性最高的职业之一了。恐怕现如今就业人气排行榜中排在前面的明星产业，到了20年后也有可能变成夕阳产业吧。如果我们进入一家人人羡慕的公司工作，那么自己属于这家企业的这种身份认同感不可避免地会成为我们内心的一个支柱。但是，这个公司能够保持"明星产业"的时间正在不断缩短。当我们的身份不再是别人羡慕的那种光鲜亮丽的样子，我们能否干净利落不拖泥带水地抛下这种身份的束缚，让"自己"变成"不会被摧毁但是能够分裂生长"的模样呢？这里需要的正是一种"从偏执狂转变成分裂症"的转变能力。

在此我们必须留意的一点是，在日本社会中至今仍然礼赞那些永远停在原地不断努力的偏执型行为。对于因感到腻歪就换了一个又一个工作的那种分裂型的行为具有很强的蔑视倾向。仔细想一想，硅谷等地的职业观念就是典型的分裂型的行为，因此可以说这种"礼赞偏执型，蔑视分裂型"的职业观念正是让日本的创新停滞不前的重要原因之一。当我们考虑采用分裂型的战略时，这个社会的价值观有可能会在我们的心里产生强烈的制动作用，正因如此，逃跑才是需要勇气的。如果太过在意世人的看法而在一艘即将沉没的破船上磨磨蹭蹭地挣扎，那才是真的白白浪费了自己的人生。

请您想象一下，在其他大多数人都慷慨激昂地表示"既然上了这艘船就要坚持到底共存亡"的时候，能够说出"我不准备在这艘船上自杀，先告辞了各位"需要多么大的勇气呀。我们把偏执狂和分裂症拿来对比的时候，可能很多人都会认为后者比起前者更容易让人轻视，给人一种软弱的感觉。但事实完全不是这样。可以说正是由于没有勇气和魄力的人，才会在现在的世界上追求偏执，而拥有勇气与魄力的分裂型人格的人才能强有力地去走自己的人生之路。

差距
——差别或者差距正是由于"同质性"高才产生

塞奇·莫斯科维奇（Serge Moscovici, 1925—2014）
出生于罗马尼亚，活跃于法国的社会心理学家。

企业在设计人事考核评价制度的时候，会把追求"公正的评价"当作终极目标来进行设定。我本身是在组织和人事领域从事咨询工作的，因此经常要面对客户公司的人事负责人提出的疑问，"要怎么做才能做到公正地评价呢？"我也深知他们为此头疼不已。对于这个问题本身我并不想去否定什么。只不过，在这里我想对"公正性"提出另一个问题来进行思考。问题就是："公正，真的就是好的吗？"如果人们如此渴望"公正"得到实现，那么我们所在的组织也好，整个社会也好，就应该都实现公正了，但是事实并非如此。为什么呢？其中一个很有力的假说是："说实话，并没有人希望绝对的公正。"

日本废除了历史上一直延续到江户时代的身份差别制

度。然而，正如大家所熟知的那样，差别或者差距并没有因此被根除。甚至可以说，相比于江户时代那样公然区分人们身份的时代来说，差距或者差别正在更加阴暗的深处成为腐蚀我们现代社会的深刻问题。为什么会发生这样的事情呢？原因很简单。因为身份的差别消除之后，大家表面上都在说每个人都能够得到公平的机会，而正因如此，差别或者差距被放大了。

这个问题早在2000年前就有人指出来过，那就是古希腊哲学家亚里士多德。亚里士多德在他的《修辞学》中写道：

> 也就是说，人会产生嫉妒的，要么是跟自己--样的人，要么就是让人认为跟自己一样的人。对了，我说的一样的人，是指家庭环境、血缘关系或者年龄、人品、社会评价、财产等方面几乎相同的人……此外，人们会对于什么样的人产生嫉妒心理，也已经很明朗了。因为这个答案与其他问题一起已经说过了。换言之即我们会对时间、场合或者年纪、世人的评价等跟自己相近的人产生嫉妒心理。
>
> 亚里士多德《修辞学》

在江户时代的封建社会，社会上人们的身份区别在一出生就被决定好了。在这样的社会中，由于属于社会底层的人们不会去与社会上层的人做对比，因此也不会产生羡慕或者自卑。因为原本就不存在"可比性"。然而一旦社会制度层面的身份区别没有了，场面上来说，任何人都可以是社会上层人士。既然跟自己差不多的人可以处于那么优秀的位置，那么具有相似的出身或者能力的我如果没有达到那样的位置就显得很奇怪了。这就是人们容易受到"公平性被阻碍了"这种感觉的影响的原因，相信大家都能理解吧。我们容易误以为差异作为公平与公正的对立面，是由于"性质不同"才产生的。实则不然，与我们的设想完全相反，我们应该认为正是由于"同质性"高才会导致差别或者差距的产生。对人种差异进行了深入考察研究的莫斯科维奇曾经说过这样一段话：

> 人种差异相反是由同质性引发的问题。与我具有高度共通性的人，理应与我具有相同的想法，而我和原本应该跟我心意相通心有灵犀的人之间出现的不和，哪怕只有很小的一点都是难以忍受的。这种不一致会比实际的程度表现得更加深刻。这种差异会被夸张和放大，认为自己被背叛了，因此产生激烈的反应。
>
> 小坂井敏晶《社会心理学讲义〈封闭社会〉与〈开放社会〉》

问题不在于巨大的社会差距或者差异。江户时代的身份差别制度，或者现在的英国、印度能够见到的，被所谓的"阶级"分隔开的人们之间并不会出现"不公平"导致身心受到很大创伤的事情。相反以同质性为前提的社会或者组织中"细小的差距"却在催生许多巨大的精神压力。为了避免大家误会我的意思，在此先申明一下，我并非希望这个社会重新回到身份差别制度上去。我想表达的是，那样的社会与如今表面上以同质性为前提的社会或者组织相比，人们出现被无名怨愤或者嫉妒等情绪所困扰的比例要低一些，仅此而已。

基于差距或者差别所产生的"嫉妒"心理，随着社会或者组织的同质性的提高而逐渐高涨，甚至是在侵蚀组织内成员的内心。活跃于19世纪上半叶的法国政治思想家亚历克西·德·托克维尔（Alexis de Tocqueville），在把平等当作理想的民主主义有所抬头之际，曾经尖锐地指出了它的矛盾之处。

当不平等是社会的共同法则时，最大的不平等也不会被人看到。而当几乎所有东西都变成平均化之后，最小的不平等也会伤人。正因如此，平等的程度越高，人们对于平等的欲求就会更加贪得无厌地表现出来。

托克维尔《美国的民主》

托克维尔的这番言论，揭示出我们在追求"公正的组织""公正的社会"时的本质矛盾。当我们认识到这样的事实的情况下，是否还应该继续追求"公正"与"公平"呢？

如果社会或者组织是公正与公平的，那么在其中被定义为下层的人们就无处可逃了：我们并不是因为人事制度或者社会制度的不完善才处于下层，而是由于我们的才能或者努力或者样貌等方面比别人差。然而我们会相信是因为排列顺序不够正当，或者说即使标准是正当的，评价过程也不够正当，才导致我们处于下层，而否认了是我们自己的劣等性造成的。但是，在"公正公平的组织"中这种自我防卫就不成立了。我们轻易高举的"公平公正的评价"这个终极理想的大旗，真的是我们想要的东西吗？假如有一天真的实现了的话，那么大多数会得到"你比别人要差劲"的评价的那些人要如何去面对自己、肯定自己的存在呢？那样的社会和组织，对我们而言真的是理想的吗？我想，在我们把"公正"作为绝对的"善"来追捧之前，需要好好地考虑一下这个问题。

全景监狱

——如何缓解组织中的监控压力

米歇尔·福柯（Michel Foucault，1926—1984）

法国哲学家。他曾经有一段时间被人认为是结构主义哲学的旗手，但是福柯自己从来不认为自己是结构主义哲学家。相反，他很严厉地批判了结构主义，因此后来被分类为后结构主义哲学家。代表作有《疯癫与文明》《规训与惩罚》《性史：认知意志》等。

所谓的全景监狱（Panopticon）是指在一个圆形建筑的圆周上配置许多独立的小房间，圆形建筑的正中间配置一个瞭望塔来进行监视的这样一个关押因犯的地方。这一节中我们将要探讨的是米歇尔·福柯提出的全景监狱概念。但是最早提出圆形全景监狱结构和概念的是18世纪英国哲学家杰里米·边沁（Jeremy Bentham）。

为什么边沁作为一个哲学家要去设计监狱呢？好像是因为边沁的理想社会是实现"最大多数的最大幸福"的社会，

在那样的社会里如何让犯罪者改过自新也必须得到高度的重视，所以他才想出了这样一个方案。虽然我很怀疑这样的监狱是否能够让被收监者舒适地生活，但在这里我不想过多展开对边沁的这个方案的探讨。

还是说回福柯吧。福柯非常关注这个全景监狱所产生的监视压力。在全景监狱中，圆形建筑物上配置的单间是被位于中央的监视塔实时监控的，而另一方面，单间里的犯人却看不到看守是否在监视塔中或者此时此刻正在监视着谁。原本这个全景监狱的设计目的在于"让少数看守人员能够高效地监视多个囚房"，但是福柯将目光聚集在另外的点上，那就是全景监狱给人带来的"被监视着的心理压力"。

福柯指出，这种"被监视着的心理压力"，在现代来说并非只出现在单间监狱里，而是正在逐步蔓延到社会大众当中。而且这种压力正在压抑着人类的个性、自由的思想和行动，不屈服于这种压力的"倔强的人"会被集体当成疯子而排除在外。

福柯指出，近代的国家不仅仅是通过法律法规等外部的制度来支配国民，也通过训练等形成的所谓道德与伦理来实施无形的支配。我们常常以为自己是由于很自律地坚守自己内心的道德准绳来采取行动，认为"这个是好事，那个是道德的事"等。然而福柯却警告我们这种道德准绳才是新的支配形态。

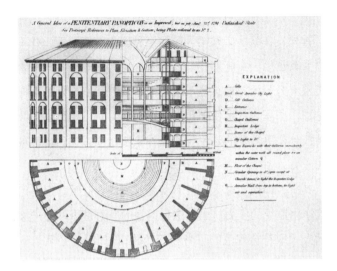

边沁设计的全景监狱构造图

Presidio Modelo 古巴监狱遗址

那么，这种观点放在经营管理的世界里会变成什么样子呢？首先，在某些必须给人施加某种压力的情况下，并不一定需要真正地去实施监视或者监管。比如，如果有一个管理人员整天旁若无人地重复不恰当的举动，我们想要给这样的人施加一些压力，迫使他更正自己的行为时，相比于实际去实施监管，更重要的是要构建一种机制让他感觉到自己被监视的压力。

其次，即使实际上并没有实施监视或者监管，但是仍然可能产生监视的压力。当然这种监视的压力是可以促进被监视的人采取符合规范的思考和行动的，但同时也必须承认，如果一个组织中的大多数人都是遵守这样的行为规范之人，那么我们是无法期待这个组织能有什么创新的。

全景监狱所产生的压力在组织中是必然会产生的，并且不可能被完全消除。重要的是，一个组织如何将课题或者方向性进行整合才能良好地"驯服"这种必然会产生的压力。

差异化消费
——自我实现是以"与他人的差异"这种形式来体现的

让·鲍德里亚（Jean Baudrillard，1929—2007）

法国哲学家、思想家。1970年他完成《消费社会》，
给现代思想带来了巨大的影响。他被誉为后现代主义
的代表性思想家。

让·鲍德里亚在他的著作《消费社会》中，重新定义了
"消费"这个词。这个新的定义就是"消费即符号的交换"。
是什么样的"符号"呢？是一种表现"我与你们都不一样"
的"差异"的符号。在古典的市场营销架构中，消费的目的
有以下3种：

①获得功能上的便利。

②获得情绪上的便利。

③获得自我实现的便利。

在市场营销理论中，随着市场逐步走向成熟，或者随着市场经济的发展，消费的目的将会从①转移到②，再转移到③，以这样的顺序进行变化。对于这一点我们只需要回想一下笔记本电脑或者手机就能理解了。20年前产品的规格或者重量等是选择产品时的关键因素，但是后来设计或者材料的质感等情绪方面的因素变得更加重要，最后是品牌或者商品自身所带的个性或者故事变得更重要了。这一点反过来看，我们也可以理解为当功能性的便利得到满足之后，市场需求就达到了顶峰。然而尽管那些功能上已经完全能够满足用户需求的产品已然如此泛滥，但是我们的经济活动在中长期范围来看仍然还处于扩大生产的趋势，这是为什么呢？针对这一点，鲍德里亚在他的这本书中是这样写的：

> 如果我们把充足当作热量或者能量，或者是使用价值来计算的话，那么不久一定会达到饱和状态。然而，如今我们面前的现状明显是与之相反的——消费正在不断加速发展……这个现象，只有从根本上放弃关于欲求得到满足的这种个人理论，充分重视差异化的社会化理论，才能够加以说明。

鲍德里亚在这里想表达的意思是，我们每个人都拥有的欲求，不能理解为个人的、内发性的需求，而是与其他人之间的关系性，即社会性的需求。我最早读这本书是在20世纪下半叶的时候，当时读完感觉里面的思想非常新鲜。

正如鲍德里亚所说的那样，如果把欲求看作一种社会性的需求，那么在市场营销中为了创造市场、扩大市场，最重要的事情就应该是让差异最大化。因此理所当然地，就是要让社会产生许多无名怨愤。

此外，我认为鲍德里亚所说的"差异化消费"概念，除了消费这个主题之外，还可以应用到更广阔的领域中。比如，我们"实现自我"的时候有一个前提，那就是我们想要实现的自我画像，是可以基于自己内心的欲望或者愿望来描绘出来的。但是，真的是这样的吗？如果"理想的自我画像"被记述为某个特定的集团所拥有的排他特性，那么这样的自我画像就不是自己内发性的东西，而是由规定某个特定的集团与其他集团之间的界限的需求，即"差异"而产生的外发性的东西。对此，鲍德里亚是这样说的：

> 消费者自以为是在根据自己的自由意愿选择与他人不同的行动，但他没有想过这个行动本身就是某种差异化的强制表现或者是对某种符号的服从。强调与他人的不同，同时也是在确立差异的存在及其秩序。而恰恰这种秩序是从一开始便存在于这个社会的特质，不管我们是否愿意，这种特质都凌驾于个人的意愿之上。

在这里我希望大家注意一点，比如说有钱人购买名牌商品或者高级汽车，单纯为了显摆自己财富的炫耀式消费并不属于这里所说的差异化消费。有钱人为了让人一目了然地知道自己有钱，就会去买法拉利或者保时捷等"一看就觉得很贵的车"，或者是在广尾、松涛等众所周知的富人区购买住宅等，这些行为当然也是差异化消费的一种形态，但是这并不是全部。鲍德里亚所说的并非这一类的行为，而是比如开丰田旗下的混合动力汽车普锐斯，或者是喜欢买无印良品的东西，或者住在郊外的乡下之类的，做出这样选择的人（行为主体）为了展示自己与没有做出这种选择的其他人之间差异的差异化消费。

换句话说就是，无论我们多么无意识无目的地进行选择，自然会产生"选择了这个""没有选择其他"这种结果，于是符号就自然生成了。鲍德里亚想说的就是：我们没有一个人可以逃离这种困境，我们都生活在这种"符号的地狱"中。

反过来我们也可以认为，那些不带任何符号性的，或者说即使有但是符号特征很薄弱的商品或者服务，在这个市场中很难生存下去。自我实现式的消费，通常会在市场增长的最终阶段出现，这时候的"自我实现"如果不是根据消费者内心真实的需求来界定的，而是如方才所述，以"与他人之间的差异"的形式来界定，那么对于这种商品也好，服务也好，商家就必须有意识地去思考如何界定这种差异，否则很难开发出成功的商品或者服务。

公正世界谬误
——"在别人看不到的地方努力总有一天会有回报"是个巨大的谎言

梅尔文·勒纳（Melvin Lerner, 1929— ）

1970—1994 年担任滑铁卢大学社会心理学教授。

如今他在佛罗里达大西洋大学担任客座研究员，被认

为是研究"正义"的心理学先驱人物。

有不少人认为，即使在太阳照不到的地方，只要脚踏实地、诚实努力，总有一天会有所回报。换言之就是很多人认为"世界应该是公正的，实际上也是公正的"。

这样的世界观，在社会心理学上被叫作"公正世界谬误（Just-world hypothesis）"。最初提倡公正世界谬误的人，是在研究正义感方面取得先驱成就的梅尔文·勒纳。

持有公正世界谬误思想的人，会认为"这个世界是公平公正的，世上之人终究善有善报、恶有恶报""只要自己足够努力，总有一天会有所回报"，因此督促自己在中长期内

保持积极努力状态，那么这也许是让人喜闻乐见的事情。然而真实的世界中并没有那么公平、公正，因此秉持这样的世界观不断努力，反而会弊大于利。

这里必须要注意的一点是，被公正世界谬误思想束缚的人容易自然产生一种"努力原理主义"。

那些天真地主张"努力就会有回报"的人经常拿出来讨论的论据，其中一个是"一万小时定律"。所谓的"一万小时定律"是美国撰稿人马尔科姆·格拉德威尔（Malcolm Gladwell）在他的著作 *Outliers: The Story of Success*（中文译本：《异类：不一样的成功启示录》、日文译本：《天才！成功人士的法则》）一书中提倡的一个定律。通俗地说，就是那些取得巨大成功的音乐家或者运动员选手都是花费了至少一万小时的训练才有所成就的。关于这一点，我已经在好几本书或者网络博文中写过反论了，这里就极其简单地说一下核心的反对意见吧。

格拉德威尔的观点很简单："如果想要成为某一个领域的世界一流选手，就请花费一万小时的时间去训练。这样你一定能够变成一流的人。"他提出了如此大胆的所谓成功定律，在该书中却仅列举了一部分小提琴家、比尔·盖茨（曾经有一万小时热衷于编程），以及披头士（初次登场前曾经在舞台上演奏过一万小时）这少许的例子，并以此为根据就推测出这个定律，未免过于牵强。

不仅仅是格拉德威尔，很多人都有跟"努力比才能更重要"的思想相通的观念。比如戴维·申克（David Shenk）在他的《天才的基因》（*The Genius in All of Us*）一书中，以莫扎特这位"天生的音乐天才"为代表性例子，讲述了他实际上从幼年时期就接受了集中训练，即经过诸多努力这一事实，得出"所以比起才华来说努力更重要"的结论。这是很多逻辑展开过程中容易发生的低级错误，实际上原来的命题完全没有得到证明。

首先我们来看一下真正的命题是什么吧。

命题1：天才莫扎特非常努力。

命题2：只要努力就能成为莫扎特那样的天才。

命题2是命题1的逆命题，如果按照上面的逻辑，命题2就会成真了，很明显这是一个伪命题。

正确的逻辑应该是以命题1为真命题，进而推导出它的对偶命题，如下：

命题1：天才莫扎特非常努力。

命题3：如果不努力就不可能成为莫扎特那样的天才。

所以说，这个逻辑推导过程中是不可能得出"只要努力就能成为莫扎特那样的天才"的结论的。

那么努力是不是就完全没有意义呢？当然不是。实际的研究结果究竟如何，一万小时定律是否成立，可以从乐器、项目、科目等研究对象中得出答案。

普林斯顿大学的麦克纳马拉副教授及其他小组成员针对"意识训练"进行了88项研究，对这些研究结果进行汇总分析之后，得出了这样一个结论："练习对于技能提升产生的影响程度的大小，根据技能的不同领域有所差异，掌握技能所需要的时间并不固定。"

具体来说，该论文介绍了针对不同领域的"能够说明因练习量造成的表现差异的程度"如下：

电子游戏：26%

乐器：21%

运动：18%

教育：4%

专业知识岗位：1% 以下

看完这些数字我们就能知道，格拉德威尔所说的"一万小时定律"是多么误人子弟的一个坏主张了。"努力就会有回报"这句话听起来非常美好，其中反映的是人们的一种世界观。然而这只能是一种愿望，而非现实。如果不能在真实生活中直面这一事实，恐怕很难让自己的人生过得既丰富又有意义吧。

还是说回到"公正世界谬误"上面来吧。公正世界谬误，说的就是"努力的人一定可以获得回报"这个想法，现已被实证研究结果否决了，努力的积累量与表现的优劣之间的关系，会根据研究对象所属的竞技或者项目而有所不同。换言之，如果一个人过度相信这个谬误，有可能会在一条道上走到黑，荒废了自己的一生，不论怎么努力最终都没有办法开花结果。

接下来呢，我想聊一聊这个"公正世界谬误"导致的其他问题。那就是被这个谬误洗脑了的人，时不时就会进行反向的推论。也就是说他们会认为"那些取得成功的人，是因为他们做出了足以成功的努力"，相反如果看到某些不幸的人，就会认为对方是"可怜之人必有可恨之处"。即生活中常见的"责备受害者""责备弱者"这种认知偏见。举个例子，在日本也有很多责备弱者的熟语，如"自作自受""因果报应""害人终害己""自己种下的因，自己承受它的果"等等。

纳粹德国屠杀罗马人或者犹太人，或者世界上的许多国家都在实施的针对弱者的迫害，这些都是基于"既然世界是公平的，那么这些深处苦境的人就是因为……"这种世界观才造成的，这一点我们绝对不可以忘记。

此外，我还想提醒一点，如果一个人过度相信"努力就一定会有回报"这样的公正世界谬误，那么有可能会造成这个人"反过来憎恨社会或者组织"。这个逻辑非常简单。如果"世界必须是公平公正的"，那么持续不断地踏实努力工作的人，就一定会在某个时候迎来自己崭露头角的时候。但是，如方才所述，现实世界并非那么公平公正，因此，即使一个人在不断努力，也有可能根本得不到提拔，也没有机会让自己施展抱负。于是会发生什么呢？这个人会想着，明明这个世界一定是公平公正的，然而这个组织却一点也不公正，也就是说他会认为这个组织在道义上已经做错了，不久就会慢慢开始憎恨这个组织。这个过程就是产生恐怖行为的心理历程的缩影。

1999年曾经发生过这样一件事，有一名58岁的课长被集团企业（普利司通运动）劝退，说是可以提前享受离职优待，这与他本人的意愿是相反的，于是他冲进普利司通总部的社长办公室，并在里面切腹自杀了。这名冲进社长办公室的课长留下了一封抗议书，其中包含了以下的内容：

> 我入职已经有30多年了。我把普利司通公司当作命运共同体不断废寝忘食地工作，连照顾家人的时间都没有。是我们这些为公司拼死拼活的员工才造就了今天的普利司通。

这封遗书的内容可以说字里行间都充满了血与泪。我想没有比这个真实的案例更能说明，那些被公正世界谬误的思想所束缚的人，最终将会如何仇恨这个组织的了。

废寝忘食工作，无暇顾及家人，本来这是个人根据自己的意志而选择的一种人生方式，对于这样的选择，公司是否会给予回报是另外的问题。但是，对于那些认为"世界一定是公平公正的"的人来说，是不允许公司不给予相应的回报的。

世界并不是公正的。身处这样的世界中，努力奋斗去让这个世界变得更加公平与公正，这才是我们这一代人必须肩负的一种责任与义务吧。再次提醒大家，请务必记住，"在别人看不到的地方努力总有一天会有回报"的这个想法可能会毁了我们的一辈子。

第 / **4** / 章

关于"思考"的核心概念
——为了不掉进常见的
"思考的陷阱"

无知之知
——学习停在自认为"我已经知道了"的那一瞬

苏格拉底（Socrates，前 469—前 399）

古希腊哲学家。他曾在德尔菲受到"没有比苏格拉底更有智慧的贤人"的神谕，为了反证此神谕，苏格拉底与许许多多的贤者进行对话。但是，在不断对话的过程中，他注意到那些贤者连自己所说的话都完全不理解，因此后来他把揭发"冒充智者之人的无知"作为毕生的事业来追求。

无知之知，用直白点的话说就是"知道自己不知道"。为什么这个很重要呢？因为只有当我们认识到"自己不知道"才能开始学习。如果一个人认为"我都已经懂了"，那这个人在知识的学习方面就会有所懈怠。因为认为"自己不懂"，所以才会去调查，才会听别人说话，这样就有动力去学习了。

将初学者到达人（大师）的成长道路进行整理，就可以得出如下的阶段变化：

①不知道自己不知道。

②知道自己不知道。

③知道自己知道。

④不知道自己知道。

最初的"不知道自己不知道"这个状态出现在开始学习之前。因为连"自己不懂"这件事都还不知道，所以不会产生学习的欲望或者必要性。苏格拉底指出的问题是，大多数被人称作"智者"之人，只是在"假装自己很懂"，实际上还处于"不知道自己不知道"的状态。

其次，由于某种契机进入了"知道自己不知道"的状态，这时才会产生学习的欲望与必要性。

之后，随着学习或者经验的积累，就会转变成"知道自己知道"的状态。也就是说"自己意识到已经懂了"。

最后才是真正进入达人（大师）的领域时会出现的状态——"不知道（忘记了）自己知道"。换言之，这时候的水平已经达到了这种状态：即使没有意识到自己懂了，也能够条件反射般地反应出来。

在咨询公司的不同项目组之间，经常会把"Best Practice（最佳做法）"拿来当作标杆，如此实践的人就叫作Mastery（精通者）。那么，我们要如何采访这样的精通者呢？这个采访对话往往会很难展开。为什么呢？因为即使对方被问到"你为什么可以做得这么好呢"，这个人只会回答:

"啊，我感觉我也没有做什么特别的事情……"因此，这种情况下与其让人家用语言来描述，倒不如让人家在实际业务的现场来展示一下具体是如何做的，通过自己的观察来找出这个精通者的秘密更加有效。

我们经常容易误以为自己懂了。但是真的是这样吗？英文学者同时也是名著《智慧生活的方法》的作者渡部昇一曾经说过一句话——"如果不是一清二楚，那就是还不懂。"另外，本书前面也介绍过一则逸事，历史学家阿部谨也的老师上原专禄曾经对他说："所谓的懂得，就是指自己会因为它而改变。"这两句话都是在说明"懂得（知道）"的深远，以及对自己造成的重大影响。我们的学习会在我们认为自己懂了的一瞬就停滞不前了。真的已经一清二楚地懂了吗？是已经能够感觉到自己变了的那种程度的懂了吗？或许，我们对于"懂了"这件事，还需要更加谦虚一些才好哇。

这个忠告同时也让我想起想要快速对事物进行总结概括的危险性。我在咨询行业待了好多年，这个行业里面的人说话时容易出现好多特有的口头禅，其中"归纳起来就是××××"这句话可以拔得头筹。因为咨询师这个职业是喜欢将事物进行普遍化，以某种模式来认识这个世界的，因此听完别人说的话，到最后似乎总是难以抑制内心"想要总结的欲望"。但是，将对方的话抽出重点，进行普遍化总结，并不一定会带来好的结果。

首先在对话中，说话的一方拼命用各种各样的方式解释之后，被听话人简单地总结成"重点在于××××对吧"，哪怕听话人总结的确实是重点要领，对于说话人而言总会产生一种类似于消化不良，或者说像是熬粥沸腾之后漏了些出来的那种不舒服的感觉。反过来对于听话人而言，如果总是用"重点在于××××对吧"这样的口头禅来总结别人的发言，会限制扩大自己世界观的机会。

我们都会在无意识的状态下形成自己的精神模型——我们每个人内心拥有的看待世界的框架。然后我们通过五感获知的外部真实世界的信息，会以这种精神模型能够理解的方式进行筛选和解读之后再被接收进来。"重点在于××××对吧"这样的总结方式，只不过是一种把从对方那边听到的话嵌套到自己的精神模型中理解的一种方式罢了。然而，如果我们一味采用这样的听话方式，是无法获得"让自己改变"的契机的。在麻省理工学院的奥托·夏莫（C.Otto Scharmer）提倡的"U形理论"中，把人与人之间交流过程中听话方式按深度分成了4种层次。

层次1：以自己的格局内部的视角看待问题。

将新的信息融入过去的想法之中。如果将来是在过去的基础上延伸的话，就可以有效吸收这种新信息，但是如果不是，那么新的信息将遭到毁灭性的破坏。

层次2：视角位于自己与周边的界限上。

能够客观地认识事实。如果未来是在过去的基础上延伸，就可以有效吸收新信息，但是如果不是，就无法认识到问题的本质，而只能像打地鼠一样见一个打一个，永远捕捉露在表面的东西。

层次 3：视角已经扩展到自己的外部。

几乎可以用顾客日常使用的语言来表达顾客的感情，达到认知的共鸣。可以与对方建立起超乎商业往来的关系。

层次 4：自由的视角。

感觉自己可以与浩瀚的世界相连接。这不是单纯的理论堆积，而是与自己过去人生中的体验、知识都可以产生联系性的一种感官认知。

从这 4 种层次的沟通交流可以看出，使用"重点在于××××对吧"来进行总结的方式，只不过位于"层次 1"这么一种最为肤浅的听话方式。以这样的方式听取对方的信息，听话人是不可能获得超越自己以往的认知格局的机会的。想要通过更加深入的交流，从与对方的对话过程中发现某些具有深度的信息，或者产生某种创造性的思路，就必须认识到"重点在于××××对吧"这样的总结是一种肤浅的对话模式，要尽可能戒掉拿别人的信息与自己过去的认知或者心中所想的数据进行对照的习惯。

当你不小心又想开口说"重点在于××××对吧"时，请务必记得，这样做可能会失去抓住新发现的机会哦。

很容易就"懂"的事情，仅仅能够起到补充和增强过去认知体系信息的作用。如果真的想要改变自己，让自己成长，还是要努力尝试戒掉这种轻易就认为自己"懂了"的习惯。

理型论

——您是否会困于理想而轻视了现实呢

柏拉图（Plato，前427—前347）

古希腊哲学家。师从苏格拉底之后，自己在雅典创办了一所学校——"柏拉图学院"，并在此学院指导了亚里士多德等学生。柏拉图的思想被认为是西方哲学的源头，比如哲学家阿尔弗雷德·诺尔司·怀特海（Alfred North Whitehead）就曾表示："西方哲学的历史只不过是柏拉图思想的庞大的注脚而已。"现存的柏拉图的著作大半都是对话体，除了一部分篇章之外，主要的对话对象都是柏拉图的老师苏格拉底。

柏拉图提倡的理型（Idea）[1]，简言之就是"想象中事物的理想形态"。比如我们看到树木的时候，会判断出来

---

[1] 中文哲学译本当中对此词的翻译争议颇多，如"相""理念""概念"等，这里结合日文表达，选择1934年郭斌和等译的《柏拉图五大对话集》中的用词。——译者注

这是树。但是，每一棵树实际上都是不同的。恐怕我们找遍全世界，也找不到两棵一模一样的树。尽管如此，我们还是能够认识到这种东西是"树"。这是为什么呢？

柏拉图认为，这是因为我们拥有树的理型概念。柏拉图认为，现实世界中不存在理型，仅在天界才有这种东西。并且，现实世界的所有东西，都只是这种天界的理型的一些劣质复制品而已。比如，我们都理解三角形的概念，实际上看到三角形的东西也能够认识到这是三角形。然而，我们眼前的三角形真的是纯粹的三角形？实际上并非如此。比如，即使是印刷在纸上的，一眼看过去就是正确的三角形的东西，我们使用放大镜来仔细观察，就会发现印刷时的网格浮现出来，这时线不再是线，角也不再是原来的角了。也就是说，纯粹意义上的三角形在现实世界中是不存在的。但是我们可以理解三角形的概念，因为我们知道天界当中的三角形的理型是什么样子的。这就是柏拉图的一种理念。

稍微把这个话题掉转一个方向，我们如果把柏拉图的这种思想跟人工智能的问题放在一起看就很有意思。我们给小孩子看猫、狗的照片，让他们把这些照片进行分类，小孩子可以很容易地做到。但是想要让人工智能做这种分类就非常困难。因为如果不事先给电脑定义好什么条件下要归为"猫"，什么条件下要归为"狗"，电脑就无法进行判断。那么问题来了，要怎样去设定这个条件呢？这就是最难的。因为我们很难追溯并用语言表达出来，最初我们是如何判断"猫"是

"猫""狗"是"狗"的。于是到最后，在人工智能研发过程中，人们已经放弃了这种"通过条件进行分类"的尝试，而是让电脑记住海量的"狗"或者 "猫"的照片，通过统计学的分析让电脑学会判断"这是狗"或者"这是猫"。这属于一种"机械学习"的思路，也能够做到相当高精度的狗与猫的分类了。

按照柏拉图的理论，我们能够看到狗就认识到"这是狗"，看到猫就认识到"这是猫"，是因为我们的大脑里有着狗、猫的理型。假设这种理论是对的，那么如果我们能够给人工智能也植入"狗的理型""猫的理型"，也许就不需要让电脑记住那么庞大的数据了吧。

我想，读到这里的朋友们许多人内心已经对柏拉图的这个理论产生了强烈的违和感吧。事实上柏拉图的第一大弟子亚里士多德也有一样的感觉。亚里士多德在柏拉图死后，不断地对这个理型论进行批判。亚里士多德的理型批判涉及各个侧面，总的来说大意就是"立足于现实中无法验证的假想来进行思考是没有意义的"。亚里士多德认为，我们不要去钻研空想的概念，而应该好好观察眼前的现实世界，基于现实展开思考。

其实我们往往会不小心陷入理想而轻视现实。典型的例子就是许多企业都在实施的人事制度。比如大家的公司里都有目标管理制度这种东西吧。这是几乎所有日本企业都在采用的一种人事机制，那么有没有公司真的发挥出了与这个制度设计之初的理想形态一模一样的功能呢？据我所知恐怕一家也没有。人事制度是最能体现理型谬误的一个例子，不管是人事部也好还是人事咨询师也好，都把"人事的理型"放在第一位来设计制度。然而，一旦投入现实进行运用，就会发现最终得到的现实不过是柏拉图所说的"理型的劣质复制品"而已。这一节的开头已经讲过了，所谓的理型就是"想象中事物的理想形态"。的确，把"某种该有的姿态"当作理想形态来进行描绘，是确立战略方针的重要起点，但是我们如果过分拘泥于这种理想型，就很有可能陷入"追求世界上不存在之物"的困境，对于这一点我们必须要有认知。

柏拉图在他的著作《理想国》中主张"哲人政治"，反复强调只有了解什么是"国家的理型"的人才应该从政。然而，现实中又是如何呢？当时锡拉库萨国王狄奥尼索斯一世去世，柏拉图的弟子狄翁作为狄奥尼索斯二世的实际监护人摄政，并请求柏拉图前来教授治国之道，柏拉图为了实现他的"哲人政治"，应狄翁之邀前往西西里尝试王者教育。但是他因卷入政治斗争而遭遇危险，被人关进监狱，几乎是爬着走出西西里回到了雅典。所以说柏拉图的理想论最终以惨败告终。

假象

——"误解"也是有套路的

弗兰西斯·培根（Francis Bacon，1561—1626）

文艺复兴后期的英国哲学家、神学家、法学家，被人称为经验主义之父。他认为人类可以通过对自然现象的深入观察以及通过观察结果进行归纳和推论来获得正确的知识。他与威廉·莎士比亚是同一时代的人，也有人认为莎士比亚其实是培根的笔名。

相信很多人都听过"知识就是力量"这句话。这句话就出自弗兰西斯·培根之口。

在哲学历史上是有类似于流派或者说系统的。这么说可能有点难以想象，举个例子吧。比如当我们说到摇滚乐的时候，根据不同的表现形式和服装的体系，它又可以分为前卫摇滚、朋克摇滚、重金属等子类。嗯，差不多就是这么个意思。而弗兰西斯·培根在哲学界中，是后来被叫作"英国经验主义哲学"这一流派的开山鼻祖。

经验主义亦称"经验论"，指的是重视通过经验得到的知识，用推论的方法进行归纳的一种理念。与此相对的是亚里士多德首先提出的形式逻辑学，后来被笛卡儿和莱布尼茨等继承整合为"合理论"，这些理论更加重视基于理性的思考，作为推论的方法，会优先采纳演绎法。

根据培根的理论，演绎即从一般化的法则推导出个别的结论的这种亚里士多德的逻辑学，反而容易推导出错误的结论，正确的知识应该来自实验或者观察等"经验"。

那么，人类无法正确认识事物，容易推导出错误结论的问题中都存在着什么样的模式（套路）呢？对于这个问题，培根用"四个假象"进行回答。假象（Idol）这个词在拉丁语中是"偶像"的意思。我们现代年轻人常说的"爱豆"这个词，就来源于拉丁语的"Idol"。

那么，具体来说培根说的"四个假象"究竟是什么意思呢？

①种族假象（自然性质带来的假象）。

培根认为，隐藏在人性之中，每个人作为人类这一种族或者种类都有的一种判断根据就叫作"种族假象"。这句话好像不太好理解。简单说就是"错觉"二字。比如，地平线上的太阳比实际看上去更大，吃完甜食之后吃橘子会觉得很酸，这都是典型的"种族假象"的例子。

②洞穴假象（个人经验带来的假象）。

培根把"每个人固有的特殊本性所带来的，或者是自己接受到的教育以及与他人之间交流过程中产生的"假象称为

"洞穴假象"。用简单一点的话来说就是"自以为是"。指的是我们接受的教育或者经验等，会被有限的认知所决定的一种谬误。比如说与外国同事一起工作的时候"碰巧"有点不顺利，这时就认为外国人"原本"就很难搞，这就属于典型的洞穴假象。

③市场假象（传闻带来的假象）。

培根把"人类相互之间的接触与交际"时候的假象叫作市场假象，是由于不恰当地使用语言所造成的一种假象。英语中也有 Miss Communication（沟通错误）这一说法。简单说就是错将"谣言"或者"传闻"当作真实的信息来相信，然后自己反受其扰。这世上有很多人都喜欢到网络论坛或者贴吧等地方发布一些小道消息，大部分都是道听途说而已，这种人就很容易被市场假象所欺骗。为什么叫作"市场"假象呢？因为市场中有很多人，大家七嘴八舌的最容易谣言满天飞了。

④剧场假象（权威带来的假象）。

培根把"人们未经辨识、盲目相信的哲学中各种各样的学说，以及经过证明发现是错误的法则"叫作剧场假象。意思是对于著名哲学家的主张等权威或者传统毫无批判地相信，因而会产生偏见的意思。有人看到电视或者杂志上经常露面的评论家，就选择毫不怀疑地相信他的主张，那么这种人就可以说是典型的被剧场假象所迷惑的人。在当今时代，可能会被改称为"媒体假象"吧。

各位看完这"四个假象"的解释有何感想呢？我想，我们应该可以认识到，在我们正确认识事物的时候，这四种假象的确会成为很重要的阻碍因素。

了解这些"假象"有两点很重要的意义。

第一点就是，以后在表达自己的观点的时候，要问一问自己，支撑这种观点的依据是否被上述四种假象扭曲了。

第二点就是，想要反驳他人的意见的时候，也要问一问自己，我的主张的前提依据是否被上述四种假象扭曲了。

培根认为，人类的知性，一旦被这些假象所迷惑，坚信不疑地认定某种认知之后，所有的事情都会朝着与之相符合的方向去发展。哪怕出现了与自己的认知不相符的事例，这种坚信不疑也会导致自己无视，或者说至少会轻视这些不相符的事实。因此，培根才会呼吁，只有我们把这四种假象排除之后才能真正找到真理，找回原来本真的姿态。

我思

——让我们尝试回到原点，从那些"无可置疑"的地方重新出发吧

勒奈·笛卡儿（Rene Descartes，1596—1650）
出生于法国的哲学家、数学家。他是合理主义哲学的鼻祖，也是近代哲学的奠基人。其思想的主体是定义自己（精神）与存在之间的关系，"我思故我在"这句名言成为哲学史上著名的命题之一。

"我思故我在"这句话是哲学史上非常著名的哲学命题之一。这句话的拉丁语原文是"Cogito Ergo Sum"。本章节标题中的"我思"就是这里面的 Cogito。笛卡儿在他的代表作《方法论》中，作为思考的立足点而提出了这句"我思故我在"的命题。那么，这个命题原本表达的是什么意思呢？

以前，我在网络上看到过有人用"不会思考的人（笨蛋）跟不存在是一样的"这种超高难度的话来解释，当然并非如

此。笛卡儿想表达的意思是："我可以怀疑这世上的一切都不存在。但是，唯独我这怀疑一切的精神是存在的，是无法怀疑的。"生活在现代的我们如果突然听到这样一句话，可能只能应和一句："嗯？啊，好像确实是这样……"那么为什么笛卡儿要大费周章说这样一句话呢？

简单说，这句话是笛卡儿的一句"呼喊"。要问他呼喊的是什么，答案是他对基督教或者斯多葛主义等当时的权威进行挑战，呼吁大家"用你们的脑袋瓜子好好想想啊"！如果不了解当时笛卡儿生活的时代背景，就无法了解这究竟是多么伟大的一件事，或许也就难以产生共鸣了。

笛卡儿是生于宗教战争时代的哲学家。他写下《方法论》的时候正值欧洲最大的宗教战争"30年战争"如火如荼的时候。所谓的30年战争，就是罗马天主教和新教之间的一场战争。双方都是基督教的分支，战争的目的就是证明谁才是真正传承了信仰或者教义的"真理"。

研究基督教义或者信仰方式的人是神学家。在那个时代，双方的神学家都认为"我们这边的说法才是真理"，为此写下了为数众多的论文，然而这种事情当然是不可能有定论的，于是后来整个欧洲都陷入了混战，引发了非常惨烈的大战。

话说，这样争斗下去会发生什么呢？罗马帝国灭亡以来，中世纪一直占据主流"真理"的是罗马天主教。大概是这个缘故吧，古希腊的人们呕心沥血才积累下来的"关于真理的考察"，到了中世纪大多数都凋零了。

如果您手头有哲学史的相关书籍，不妨打开看一看，这里面非常有意思。如果您把历史上有名的哲学家，从古希腊时代的苏格拉底开始，到现代的吉尔·德勒泽或者皮埃尔－菲利克斯·伽塔利为止，按照时代顺序来排列，您就会发现到5世纪左右，最后出现的人物是奥古斯丁和波爱修，再之后就到了13世纪的罗吉尔·培根托马斯·阿奎那等哲学家，这中间有800年左右的空窗期，西方历史上没有出现过著名的哲学家。

这个现象不仅仅在哲学领域，在自然科学或者文学领域也是一样的。重点是在这个时期里，欧洲陷入了长期的知识停滞，甚至可以说是知识倒退的状态。

令人难以置信的是，古希腊的亚里士多德曾经在人文科学和自然科学领域留下巨大的知识财富，然而他的真知灼见以及著作在这个空窗期的欧洲大陆几乎失传，到了13世纪，最终从伊斯兰国家逆向输入欧洲才最终得以复活，而复活的也仅仅只有其中一小部分的著作而已，其余皆已失传。这一切，都是由于当时的社会秩序造成的。那时的人们都相信：追求真理不是凡人的工作，真理掌握在神的手中，能够把真理展示给民众的只有那些可以跟神对话的神职人员。

然而这时候出现了让人头疼的事情。那就是新教和天主教之间的"双重真理"问题。双方都在叫喊"我们这边才是真理"，并且不惜大打出手。您想象一下那个画面应该就能体会到那种行为有多傻了吧。但是中世纪的人也不都是智力障碍者，尤其是有识之士，他们就开始思考"这应该不是什么谁对谁错的问题吧"。在这个时期，人们对于"基督教所展示的真理"背后的故事本身开始产生了怀疑，可以说信仰走到了一个杯中水将溢不溢的那个临界点。就在这时，笛卡儿站出来呼吁大家："都到这个份儿上了，那么干脆我们推倒重来，重新回到可以确定的地方从头开始吧。"

但是，究竟什么才是可以确定的东西呢？即使是亲眼所见的现实也有可能是错觉或者梦境，因此称不上是确切之事。笛卡儿注意到，当我们开始怀疑身边的一切的时候，到最后只剩下一件事是无法怀疑的，那就是"有一个正在怀疑一切的我存在"。这个过程就叫作"方法论的怀疑"。于是乎，从这个"可以确定的起点"开始，只要经过严密的考察考证，我们就可以不需要借助神或者教会的权威，而是通过自己的力量也能获得真理了不是吗？这就是笛卡儿"我思故我在"的核心所在。

我认为笛卡儿给我们展示的求知的态度非常令人敬佩。也就是说，站在"从流程中学习"这一点来看，这是非常棒的一个教学案例。他敢推倒那个时代社会上的认知前提，不惧权威，不断尝试通过严密的思考来确认事物的确定性进而求取真理，对于这种勇于颠覆和突破的精神，真是让人忍不住想要给他鼓掌。不过，如果站在"从结果中学习"的角度来看又如何呢？

我想各位读者朋友可能会这么想吧。笛卡儿想要从"我思故我在"这个"确定的地点"出发，经过严密的考察和积累去寻找真理这件事情我们已经明白了。那经过了层层的考察之后，笛卡儿找到了什么样的"真理"呢？换言之，"我思故我在"算是旅途的出发点，这一点我们已经知道了，那么这段旅途的终点究竟在何方呢？对于这个问题的回答，从结论上来说，笛卡儿仅仅站在出发点上，根本连一步都没能跨出去。

　　笛卡儿在《谈谈方法》中，尝试了从"我思故我在"这个"确定的地点"出发，来证明"神的存在"。内容如下：

　　①正在思考的我的存在是不容置疑的。

　　②正在思考的我内心的观念也是不容置疑的。

　　③观念中分为"物体""动物""人类""神灵"四类。

　　④如果以完整性来评价，排序应该是"物体＜动物＜人类＜神灵"。

　　⑤不那么完整的观念无法成为更完整的观念的原因。

　　⑥从②可以得出"神的观念"的存在是不容置疑的，此外从⑤可以得出"神的观念"不会是人类。

　　⑦因此"神的观念"只能是比人类更加完整的神灵。

　　⑧据此，神的存在得以证明。

　　原来如此！竟然还能这样推论……我想现在恐怕没有人能够被这个逻辑说服吧。这个证明的过程怎么看都像诈骗的人惯用的技巧，对于生活在现代的我们而言是无论如何都接受不了的。貌似笛卡儿自己也对这个证明有些心虚，感觉有点牵强。在《谈谈方法》出版发行之后，他在给朋友的信中提到写这本书时的内心独白，关于神的存在这几页是本书中"最重要的一部分"，但同时也是"全书中最不严谨的一部分"，"直到被出版社催稿，内心都还在犹豫要不要加上这一部分"。也许是笛卡儿害怕"不依靠神或者教会的权威，而是用自己的脑子去思考"这个信息会触犯到教会的逆鳞，因此用这个方法论来证明"神的存在"，以求得到教会的原谅也说不定。不管怎么说，这一部分在书中就像是"刻意安插进去的内容"，其违和感是从出版当时就有的，同时代的哲学家布莱兹·帕斯卡也曾经说过："如果可以选择的话，笛卡儿应该会以'神并不存在'来结尾吧。"

从笛卡儿的"我思"当中，我们可以学到很多东西。首先是"从过程中学习"的角度来看，勇于去推翻当时社会上处于支配地位的思维框架，不断问自己"真是如此吗"。用自己的脑袋进行思考，这一点非常重要。而另一方面，站在"从结果中学习"的角度来看也告诉我们，一个人如果过于严密地进行思考，可能会出乎意料地得出没有意义的结论。因此，笛卡儿所提出的"我思故我在"这一哲学命题，实际上并没有被后世的哲学家采纳为他们思考的出发点。

辩证法
——所谓进化就是"过去的发展性回归"

格奥尔格·威廉·弗里德里希·黑格尔（G. W. F. Hegel，1770—1831）

德国哲学家。除了在观念论哲学及辩证法哲学方面的突出表现之外，对于构建近代国家的理论基础等政治哲学领域也做出了巨大的贡献。研究及探讨的哲学包括认识论、自然哲学、历史哲学、美学、宗教哲学、哲学史研究等领域，几乎囊括了所有哲学范畴。

什么是辩证法呢？说白了就是"一种为了找到真理的方法论"。那究竟是一种什么样的方法论呢？答案是："通过让对立的思想互相碰撞，让它们互相斗争的方式来擦出思维的火花。"在哲学教科书中经常会用以下的流程来进行说明。

①命题（These）A 被提出来（正）。

②接着与 A 相矛盾的反命题（Antithese）B 被提出来（反）。

③ 最后一个可以解决 A 与 B 的矛盾的综合命题（Synthese）C 被提出来（合）。

让我们举一个常用的例子说明下吧。当一个人主张某物是"圆形"（正），另一个人主张它是"长方形"（反）的时候，如果用二维空间的视角来看，这两个主张在理论上互相矛盾，是不可能同时满足的。肯定有一个人是错的。但是，如果有人提出："嘿，等一下，这个不是圆柱吗？"（合），那么就能够解决两人之间的争论了。当我们摒除二维空间的前提限制时，就能够在不与两方的主张矛盾的情况下找到一个新的命题。在辩证法中，我们把这第三个步骤称为"奥伏赫变（Aufheben）"（也叫"止扬"）。

话说回来，辩证法到这里就结束了吗？其实不然。黑格尔认为，像这样有人提出一个"综合命题"之后，又会有人对它提出反命题，两者之间进行争论，然后又会继续产生新的命题。这样不断循环下去，我们就能够接近真理，这就是黑格尔的主张。写到这里连我自己都觉得有些值得怀疑，但是还是接着看下去吧。

根据黑格尔的理论,这种辩证法不仅可以用于寻求真理，也可以套用在历史发展上面。假设原来有一种社会形态，有人对它进行否定并且提出了新的方案，到最后有人提出了一个理想社会的建设方案来作为综合命题平稳地解决两者之间的矛盾。社会就是这样往前进步的，因此即使是为了早日实现这样的理想型社会，人类也是需要进行革命的。这就是黑格尔的主张内容了。

生活在现代的我们看来，可能会觉得这种思想真的是太天真了。但是我们还是应该加入时代背景来看待这个事情吧。黑格尔所生活的时代正好是从君主制向共和制转换及过渡的时期。法国大革命发生的时候，正值黑格尔最多愁善感的大学生时代。对于君主制这个命题而言，共和制作为一种反命题被人提了出来，实际上成就了一场革命，因此黑格尔认为的"通过斗争促进社会发展"这一思想后来也成为革命的思想基础被人所接受和认可，之后也成为马克思主义、共产革命的思想基础。

我们暂且不去考虑社会是否实际上就此发展起来了，或者说对原本"社会发展"这一想法本身是否健全的论点也不去过多探讨（如果认为社会会往前发展，那么必然会产生"发达社会"与"未开化社会"这两种不同的结构），但是这种追求新思路、用综合命题来使两个相反的命题达到两全的求知态度，对于生活在现代的我们来说也是必要的吧。

我们不管是站在公的立场还是私的立场，经常会陷入一种必须权衡利弊二者选一的境地。尽管大多数情况下，这两种选项是一看就不可能两全其美的。但是事实是否真的如此呢？至少，如黑格尔所说的那样通过智慧的对话，试图找到一种能够两全其美的办法的这样一种态度是我们应该要借鉴和学习的吧。

对于鱼和熊掌不可兼得的两个选项，如果我们说"两个都想要"或者"两个都不喜欢"，可能听起来有些孩子气，但是我们不能忘记，大多数创新人物都是出于这样的"纯真的渴望或者厌恶"才最终实现创新的呀。

乍看上去无法同时满足的两个命题，通过综合性的方式让它们两全其美，这就是辩证法的思维方式，但是建议大家记住一点，这种综合命题是依靠"螺旋式发展"才出现的。在辩证法中，事物在发展的时候并不是直线型的，而是螺旋式的。所谓的螺旋式发展就是，"进化及发展"与"复古与复活"是同时发生的。

比如说本书开头介绍过的教育革命亦是如此。教育革命的发展如果按照刚才提到的辩证法的思路来看，就会是这个样子的：

A：将村子里的孩子们召集起来，根据每个人的发育水平或者兴趣实施教育＝寺子屋＝命题。

B：将相同年龄的孩子们召集起来，整齐划一地实施相同科目的教育＝学校＝反命题。

如果是 A 情况下，可以根据不同孩子的成长程度实施细致的教育，但同时效率方面会成为一个问题。而 B 情况下，效率这个问题可以得到解决，但是因材施教这一点上又会成为一个问题。到最后，最近这 100 年间基本上都是在采用 B

教育方式，同时对于其中极少数无法适应这种学校教育的特例采用 A 方式进行单独的培养。

然而，时至今日，有一种新的教育系统正在全世界范围内逐步被采用。这种教育借助信息通信技术的力量，可以解决 A 和 B 必须二选一的难题。通过互联网在家就可以学习不同的课程，每个儿童把各自不理解的地方带到学校请教老师。这种模式就是刚才所说的 A 与 B 的奥伏赫变：

C：召集相同年龄的孩子们，根据每个人的理解或者兴趣来实施教育＝综合命题。

于是乎新的方案就此产生了。这时候我们可以认为，古时候的寺子屋类型的教育，借助信息通信技术的力量在"进化与发展"的同时也实现了"复古和复活"。同样的例子不胜枚举，比如说以前的菜市场中的限价交易，以反向拍卖的形式复活，或者村落共同体的集会以社交媒体的形式复活，等等。

再往深处说，如果我们掌握了这种螺旋式发展的规律，那么还有可能预测未来。辩证法当中的螺旋式发展，是指古老的东西将会得到复活，变成更加便利的东西，因此今后将会出现的，也会是通过信息通信技术的发展而把过去的某些东西变得更加具有效率性和便利性的东西。

如果毫无根据地预测未来，那么无异于白日做梦的空想。但是如果我们去想想看有什么东西是过去虽然曾经出现过，但是由于效率太差而退出了历史舞台，今后随着社会的发展有可能会以其他形式重新复活的。这样想一想是不是就能想出各种各样的具体的点子了呢?

能指与所指
——语言的丰富直接关系到思考的丰富

费尔迪南·德·索绪尔（Ferdinand de Saussure, 1857—1913）

瑞士语言学家，语言哲学家。被誉为"近代语言学之父"。

世上先有"物"后有"语言"。我们通常会先感觉到物体的真实存在，然后用语言来进行描述。《圣经·旧约》中也有简单易懂的描述。在《创世纪》第二章第19节中就有如下语句：

耶和华神将用土所造的野地各样走兽和空中各样飞鸟都带到那人面前，看他叫什么。那人怎样叫各样的活物，那就是它的名字。

但是，如果真的是这样的话，就没法解释为什么相同的物体在不同的文化圈中其表达的语言会各有不同。对此，索绪尔是这样认为的：

> 法语中的"羊（mouton）"与英语中的"羊（sheep）"在语义上说是基本相同的。但是这个词语所具有的意思的范围不一样。理由之一是，因为烹饪之后拿上餐桌供人享用的羊肉在英语中叫作"羊肉（mutton）"而非"sheep"。也就是说，sheep 和 mouton 所表达的意思涵盖的范围是不一样的……如果说语言这个东西是用来表达那些事先被赋予了的概念的话，那么在某一国的语言中存在的单词，就可能在其他国家的语境中表达着与之完全不同的对象物品。但是现实中却并非如此。
>
> 内田树《睡前学点结构主义》

日本人生活中对于"羊"的认知可能不是很全面，因此举这样一个例子也许有些难以理解。这里想要表达的重点在于"意思涵盖的范围不一样"。也就是说，某一个词语的概念可以表达的意思的范围，在不同的文化圈中是不一样的。

比如，对于日本人而言"蛾（飞蛾）"和"蝶（蝴蝶）"这两个词是非常熟悉的。大家可能容易误以为这两个词原本是用来给"飞蛾"和"蝴蝶"这两种飞虫所起的名字，但是索绪尔认为并不是这样的。因为在法语中并没有区分

"蛾"与"蝶"的单独的词语，只有一个将两者都包括在内的"Papillon（蝴蝶）"这个词。换句话说就是，在法语中，将我们日常生活中区分开来使用的"蛾"与"蝶"这两个词语，用了一个意思范围更大的"Papillon"这个词来表达。这一点非常容易让人误解，以至于有些老师跟初学法语的人说，"法语当中有蝴蝶这个词叫作Papillon，但是没有和飞蛾对应的单词"。这实际上是对索绪尔所说的内容完全误解了。索绪尔想说的根本不是这么一回事，而是说，不同语言对于物体概念的整理体系从根本上就是不同的。日本人对于"蛾"和"蝶"这两个物体当作两种不同的概念进行整理，如果说"蝶"对应的法语是Papillon，而"蛾"没有对应的法语，那么认为法国人也是将"蛾"与"蝶"当作不同概念来整理。而事实上并不是这样，对法国人来说，没有单独的"蛾"或者"蝶"的概念，而是把两者看成一个整体，用Papillon这个概念来称呼这一类的物体。反过来说，严格意义上是日语中找不到一个与Papillon相对应的词语才对。

在任何一种情况下，我们能找到的并非是提前被赋予了某种概念的东西，而是词语所拥有的含义在各种语言体系中都各有不同这一事实……概念是具有示差性的。换言之，概念并不是由其实际上包含的内容来决定的，而是根据它与系统内部其他项目之间的关系，按照欠缺的部分来进行定义的。更加严密一点来说，所谓的某个概念的特性，其实就是"非其他概念"，仅此而已。

索绪尔将表示某种概念的语言叫作"能指（Signifiant）"，通过语言来展示的概念本身叫作"所指（Signifier）"。比如说刚才提到的例子中，日语里面用"蛾"与"蝶"这两个"能指"来表示两种不同的"所指"，与之相对地，法语当中用"Papillon"这一个"能指"来表示一种既非"蛾"也非"蝶"，而是两者综合在一起的一种"所指"。于是，能指与所指的体系就根据不同的语言会有很大的差异。除了方才所述的例子之外还有很多的例子，比如日语中的"热水"和"水（冷水）"也是不同的能指，但是英语中却只有"Water"这一种能指；或者说日语中的"恋（恋爱）"与"爱（更广范围的爱，包括亲情友情等）"也是不同的能指，而英语中只有"Love"这一种而已。

话说回来，为什么索绪尔指出的这个观点很重要呢？原因有两个。

第一个原因是因为它告诉我们，我们对于世界的认知，很大程度上受到了自己所依据的语言体系的限制。我之前已经讲过，西方哲学是由"世界是靠什么构成的"这一"What问题"开启的。这个问题提出之后，到笛卡儿或者斯宾诺莎等人大放异彩的17世纪为止，哲学家如果基于事实来进行明晰的思考的话，应该就已经能够找到"真正的答案"了。

然而真的是这样吗？索绪尔对此表示很大的怀疑。这是怎么一回事呢？我们都会用语言来进行思考，这是理所当然的事情。但是，语言本身如果已经具备了某种前提会怎么样呢？虽然我们自认为是使用语言来自由地思考，但是我们的思考或者说依据会被语言本身所依据的框架结构限制。因此我们并不能实现真正意义上的自由思考，这种思考不可避免地在很大程度上受到我们所依据的某种结构的影响，这就是结构主义哲学的基本立场。这也是为什么尽管索绪尔自己是一名语言学家，但也被人称作结构主义哲学鼻祖的原因了。马克思、尼采、弗洛伊德等人也从其他的角度提出过"我们只能通过自己所依据的结构来进行思考"这个观点。他们分别指出，我们的思考会不可避免地受到"社会的立场""社会的道德"以及"自己的无意识"等的影响而被扭曲。后来他们的这些观点被纳入以列维－斯特劳斯为代表的结构主义哲学的范畴。对于从古希腊时代就连绵传承下来的"根据理智的考察来寻求真理"这一天真的、几乎可以唤作"理智原理主义"的想法，索绪尔从与哲学完全不同的一个侧面提出了决定性的否定意见。这就是索绪尔的观点之所以重要的第一个原因。

索绪尔的观点之所以重要的第二个原因是，它告诉我们词语的丰富性会成为我们分析把握这个世界的力量。在刚才的介绍中我提到了日语与法语或者与英语之间的比较，但是如果是在同样使用日语的集团当中，拥有更多的"能指"的人与拥有更少的"能指"的人相比，结果会如何呢？假如我们认为，如索绪尔所说的那样，某一个概念的特性是指"非其他概念"，那么拥有更多的"能指"的人就能够将世界更加细化地区分开加以掌握。细化区分也就是分开辨析，即分析。掌握某种"能指"是跟掌握某种"所指"紧密相连的。只掌握概念语言的人，是无法区分开认识概念这个语言中所包含的"能指"与"所指"的。正是因为拥有了"能指"的这些词语，才能在某种概念被展示出来的时候判别它究竟是"能指"还是"所指"。这种能力的高低，直接关系到我们是否能够更加细致地分辨和把握这个世界。

在本书中说明的这些哲学和思想的用词也正是如此。这些词语在我们日常生活中几乎不会产生什么作用。但是如本书开头所说，它们应该可以提升我们的洞察能力，帮助我们更加准确地理解和把握当下正在发生的事情。为什么说概念能够给予我们洞察能力呢？那是因为它能够给我们崭新的"把握世界的切入口"。

稍微总结一下吧。重点只有两个。首先，我们只能依靠自己所依据的语言框架来把握这个世界。其次，即使如此，我们如果想要尝试用更加精密的、细致的量筒来测量和把握这个世界，那么就应该在知道语言有界限的情况下，通过更多的语言——"能指"的组合，来努力描绘出更加精密的"所指"。

悬搁
——暂时对"客观事实"保留意见

埃德蒙德·胡塞尔（Edmund Husserl, 1859—1938）

德国哲学家、现象学的创始人。他曾是数学基础论的研究者，在数学领域取得了博士学位之后改为专攻哲学。受布伦塔诺的影响，胡塞尔转为关注从哲学层面奠定对各种学问的认知基础，提倡一种崭新的认识事物的方法——"现象学"。现象学在 20 世纪成为一个哲学新流派，马丁·海德格尔、让－保罗·萨特、梅洛·庞蒂等后继者发起了现象学运动，不仅在学术界，在政治和艺术领域也都产生了重要影响。

在近年来的国际会议上经常能够听到"VUCA"这个词。最早这个词语是美国陆军为了表达当下世界局势的时候所使用的一个词语，现如今已经在各种场合下都能有所耳闻了。所谓的"VUCA"就是"Volatility（易变性）""Uncertainty（不确定性）""Complexity（复杂性）""Ambiguity（模糊性）"的缩写，是由这4个表示当今世界现状的单词的首字母组成的。在当今这个世界里，想要正确地对事物加以判断正在变得非常困难。

想要清晰地辨识和把握那些不单纯、不明确的东西是很难的。就像之前在苏格拉底的"无知之知"这一节中讲过的那样，草率仓促地"自认为懂了"，容易演变成巨大的谬误。这时我们需要做的事情是不要自以为是地认为自己都懂了，而是要保留自己的判断。胡塞尔把这称为"悬搁（Epoché）"。Epoché 一词在古希腊语中是"停止、中止、中断"的意思。

不过，这样说的话您可能会以为悬搁单纯就是"保留判断"的意思，或者说根据我刚才的解释会让您不由得这么想。况且胡塞尔自己在他的著作中也有用到"停止判断"这个词。但如果是那样的话，直接翻译成"保留判断"就可以了，为什么要用悬搁这样听起来有些陌生的词呢？当然了，这是因为单纯的保留判断和悬搁之间还是有区别的。那么为了理解这个区别是什么，我们先来看看悬搁具体说的是什么意思吧。

举个例子，当我们面前有一个苹果的时候，我们会认为苹果的存在是一种客观事实，对吧。相信应该没有什么人会认为眼前这个苹果的存在是"主观上的感想"吧。但是，我们如果把眼前这个苹果当作"客观的事实"来看待就真的是正确的吗？毕竟有可能这是我们产生的幻觉，或者是某种制作精良的全息投影也说不定。也就是说，我们通常认为的"客观的"这种认知，实际上是在自己的意识中那样认为而已。

换言之，我们甚至可以说那是"主观的自我意识中认为的客观存在"。关于眼前存在的这个苹果，我们会有如下思考过程：

我们把"A.存在一个苹果"当作客观上真实存在的原因，而把"B.我看到了这个苹果"当作我们主观认知的结果。

然而，胡塞尔提倡的思考过程——"还原法"否定了这样的顺序，认为应该把"C.有一个认识苹果的我自己"这个主观认知当作原因，把"D.我认为那边有一个苹果存在"当作主观认知的结果。也就是说，将客观存在的事实"还原"为主观上的认知。

这时，"悬搁"就是刚刚提到的"把A当作原因，产生B这个结果"的思维方式给"暂时搁置"，"以客观的存在为基础产生主观上的认知"这一过程中客观主体→主观主体这一理论结构进行质疑，去思考"真的是这样的吗"。虽然确实可以那么认为，但是我们先把这种理论结构放一放，不去下判断。这样说，您能理解单纯的"保留判断"与"悬搁"之间的区别了吗？

然而这其实是很难做到的事情。当我们面前摆着一个苹果的时候，苹果的存在对我们而言太过明显，也就是容易让人认为是客观的事实，想必大家都会觉得认为"这不过是一种主观的认识"未免有些傻里傻气。但是我们不能忘记一点，这世界上的"傻瓜之墙"，就是因为那些"过于明显的事情"对于不同的人而言可能"未必就是那么明显"才产生的呀。

插一句闲话，在治疗精神分裂症的过程中，对于出现幻觉或者幻听的人来说，让他接受那些实际上不存在的东西是非常困难的。这一点我们设身处地想一想也就能明白了。如果有一天我们明明看到眼前有一个真实的苹果，但就是有人跟我们说，那都是你的幻觉哦，只有你自己一个人看得见那个苹果，想必这个时候我们内心也会非常疑惑，难以接受对方的话吧。

罗素·克劳在电影《美丽心灵》中饰演一位患有精神分裂症的天才数学家约翰·福布斯·纳什，影片中描绘了这样的场景，尽管医生和家人再三告诉他，他看到和听到的都是幻觉，然而纳什完全无法相信。

话说回来，那么了解什么是悬搁的概念，对于生活在当代的我们来说有什么意义呢？我想这个概念能给我们带来的启迪有很多，其中我想说的是"理解他人的难度"这一点。

虽然胡塞尔并没有这么明说，但是其实所谓的悬搁就是"请你暂时保留你认为是客观事实的判断"。那么这样做会有什么好处呢？

毫无疑问可以断言的一个好处是，这样做能让双方彼此对话的余地变得更宽。

当我们与他人之间无法互相理解时，自己眼中所看到的世界与对方看到的世界可能会产生很大的冲突。这时候，如果双方都能够坚持己见强烈认为自己看到的世界才是对的，那么这种冲突就不可能被消除了。当今世界，到处都是那些想要摒弃对话的可能性，通过暴力来破坏对话的机会、场所的人。这些人其实就是"对对话感到绝望了"而已。为什么会对对话感到绝望呢？理由想必有很多，其中之一便是因为，我们每一个人都太过于坚定地相信自己眼中所看到的世界了。更何况在当今社会中，许多事物都是互相关联，动态地变化着的。在这样的社会中，如果我们坚定不移地认为自己所见到的世界一定是客观的事实，那么这种想法本身就很危险，而且在伦理层面也是有问题的吧。

我们每个人所看到的"客观的世界"，本身只不过是一种主观的认知，我们要学会既不坚信自己看到的世界，也不抛弃它，而是采用悬搁的方式，换句话就是一种不置可否的过渡措施，先把自己的见解"放到笼子里关起来"，即采用一种中庸的姿态来对待周遭的事物，我想这才是在当下这样的社会中所需要的一种对待认知的态度吧。

可证伪性
——"科学的"≠"正确的"

卡尔·波普尔（Karl Raimund Popper，1902—1994）

出生于奥地利的英国科学哲学家。他曾担任伦敦
政治经济学院的教授，对于社会哲学和政治哲学领域
也有涉猎。他提倡"可证伪性"是纯粹的科学性言论
的必要条件，强调其重要性。他批判精神分析。虽然
他并没有加入维也纳学派，但是以其相近的理论，通
过证伪主义的观点对逻辑实证主义进行了批判。此外，
在《开放社会及其敌人》一书中竭力批判了极权主义。

什么是科学？对于这个问题已经有各种各样的人曾经给
过各种各样的答案。但是英国科学哲学家卡尔·波普尔却指
出，"可证伪性"是科学的必要条件。所谓的"可证伪性"
就是，"人们提出命题或者假说，通过实验或者观察有
可能被证否"。简单说您可以认为这就是在讲"后续有没
有可能被翻个面"。

这是一个很有意思的定义。为什么这么说呢，越是科学的论证，就越应该追究逻辑上的严密性，通常动不动就会跟命题或者假说是否"坚不可摧"联系起来。然而，波普尔说的却是一种有关"脆弱性"的条件，这跟我们大多数人通常认为的科学理论或者假说的概念不太一样。不过，如果我们好好想一想，就会发现除了"什么是科学"这一个论点之外，它还能给我们带来有关"什么不是科学"这个论点的一些启迪。

什么不是科学呢？对于这个问题，我们按照波普尔的条件和思路来回答的话，那就是"没有办法进行证否的东西"。使用逻辑或者事实无法对命题或者假说进行证否的时候，它就是"非科学的"。

这里希望大家注意一点，那就是虽然波普尔说那些不具备证否可能性的东西就是"非科学的"，但是他并没有说因此这东西就是"不正确的"。波普尔认为问题在于有些人"披着科学外衣的伪科学"在那里虚张声势，想要把"科学"当作一种武器来放倒别人，而这正在成为一种风潮。其实对于"非科学"的东西，从一开始就不要说它是科学，说成艺术就好了。然而现实是很多人把原本归为艺术方面思考的东西，非要去借用"科学"的说服力来招摇过市，对此波普尔给我们拉响了警钟。

举个具体的例子吧。比如说爱因斯坦曾经提出过"引力透镜"这个概念。所谓的"引力透镜"是指光线在大质量天体的引力作用下发生弯曲的现象。根据引力透镜的理论，在发生日全食的时候，原本被太阳遮住的看不见的星球，由于太阳的重力导致光线发生弯曲，就可以观察到这些星球了。爱因斯坦的这一假说在实际观察中得到了验证，因此引力透镜假说就被认为是"正确的命题"而得到了证明。这个时候，观察到的结果如果是对这个假说理论进行证否的话，那么爱因斯坦所提倡的命题就会被否定。也就是说，爱因斯坦的"引力透镜假说"是具备"可证伪性"的。

但是另一方面，比如说弗洛伊德提倡的"一切欲求的根源在于性欲"这个命题，不管我们用什么方法都无法对其进行证否。因此波普尔才说它们"并非科学"。

波普尔提倡的"可证伪性"作为科学的条件，对于我们来说是在促使我们改变以往对于"科学"二字的认知。因为换句话说，真正意义上的"科学的"也就意味着"反论的可能性是对外公开的"，进一步说，科学理论这个东西只不过是"具有可证伪性的假说的集合体"。经常有人拿"这是已经得到过科学验证的"之类的话来当挡箭牌，固执地一味诉说着自己主张的正当性，对于相反的观点则完全听不进去。按照波普尔的说法，这种态度本身才是有悖于科学之名的。希望大家不要被这样的人所叫嚣着的所谓"科学的言论"给误导了。

拼装
——不知道具体有什么用，但总觉得有用

克洛德·列维–斯特劳斯（Claude Lévi-Strauss，1908—2009）

法国文化人类学家、民族学家。他在人类学、神话学领域有极高的评价，通常还被人称为结构主义之父。受到他影响的许多非人类学专业的研究人员，如雅克·拉康、米歇尔·福柯、罗兰·巴特、路易·皮埃尔·阿尔都塞等人，从20世纪60—80年代起，为现代思想中的结构主义做出了突出贡献，列维–斯特劳斯就是其中的核心人物。

在经营管理学的教科书中经常会有这样一句话："如果想要实现创新，首先要决定好目标市场。"然而，实际情况却是，大多数所谓的创新都是在跟原先设想的用途不一样的领域里无心插柳柳成荫的。

比如，爱迪生在发明留声机的时候，据说并没有构想

着有一天会像现在这样在音乐产业领域形成商业模式。他当时设想的发明目的其实很实用——帮助速记员录音，甚至是有些小小的"恶毒"：去帮人录下遗言。到最后可能他自己也觉得这样不太好，于是很快就转为热衷于能赚大钱的新想法——白炽灯的研究。

或者说飞机也一样，在与当初设想的用途完全不一样的领域开了花。众所周知，最早使用跟今天的飞机相同原理成功实现动力飞行的是莱特兄弟：威尔伯·莱特和奥维尔·莱特。那么他们当初是为了什么目的而去发明飞机的呢？答案是为了结束战争。莱特兄弟原以为，自己制作出来的这个小小的飞机，能够通过遵守民主主义的政府之手，用来远距离观测敌人的动向，这样必定能够让对方那些出其不意的进攻或者白热化的战斗都停止，但是实际上的剧情发展您也知道，完全往相反的方向走了，由于飞机的出现战争变得更猛烈了。

这些事例表明，人们常说的"如果不明确用途市场，就没办法做出创新"这句话，虽然不能说是错的，但是至少说明这是一种不完全正确的说法。大多数的创新，都只不过是"从结果上来看是创新"，那些跟最初的设想一模一样取得了巨大的社会影响力的案例只是少数。

然而另一方面，如果完全不去明确用途市场，野蛮和盲目地进行开发投资，也是无法取得什么成果的。稍微有点经营史方面素养的人，相信都听说过施乐帕克研究中心曾经在未明确具体的用途市场的情况下就投入巨资全力支持研究人员的白日梦般的研究，尽管最终得到了许多很好的点子，但是基本没赚到钱的悲惨故事吧。施乐帕克研究中心曾经是鼠标、GUI、面向对象程序设计语言等现在的计算机领域中已经成为常识的各种各样的设备或者方案的先驱开发者，然而尽管如此，他们并没能够把其中的物品商业化，最终所有的发明所带来的成果都被苹果等其他公司拿走了，还被其他公司逼到穷途末路，简直可以说是被人左右开弓扇嘴巴一般的悲惨。

于是在这里，我们可以看到一个非常让人左右为难的问题。那就是如果过于明确用途市场，就容易把创新的思想扼杀在摇篮里，然而如果不明确用途市场就进行开发又容易不着边际而无法实现商业化。

因此，在这个时候很重要的事情就是要能够看到一个灰色地带，"虽然不知道具体有什么用，但总觉得有用"。

这一点，跟人类学家克洛德·列维－斯特劳斯提出的"拼装（bricolage）"的概念可以说是异曲同工吧。克洛德·列维－斯特劳斯曾经对南美洲的马托格罗索州（Mato Grosso）的原住民们进行了研究，并在《忧郁的热带》这本书中介绍过，他们在丛林中走着走着发现了某种东西的时候，虽然当时可能并不知道有什么用处，但是会想着"这东西也许什么时候能够派上用场"，于是都习惯装进袋子里带回去。而这些"不知道拿来干吗的东西"，有时候会在危急关头解救整个部落，因此这种"可能将来会有用"的预测能力对于部落的存亡而言具有相当重要的影响。

人类学家，同时也被人看作结构主义哲学鼻祖的克洛德·列维－斯特劳斯，把这种不可思议的力量，即收集好那些非前定和谐的、当下还不明确有什么作用的东西，然后在紧要关头能起作用的一种能力，命名为"拼装"，并把它与近代那些所谓的前定和谐的工具进行对比思考。与以萨特为代表的近代前定和谐的思想（先明确用途市场再进行开发的思想流派）相比，列维－斯特劳斯的这个"拼装"的概念常常被人解读为体格庞大但软弱的思想，但其实在近代思想的产物与那些典型的创新案例中，也能看到"拼装"的思维方式发挥功效的例子。

像这样"虽然不知道将来有什么用，但是做着做着就发现它产生了莫大的价值"的发明，除了前面提到的留声机和飞机以外，还有许多不胜枚举的例子。比如，美国的阿波罗计划也可以说是这其中的一个例子吧。简单说，阿波罗计划就是奔着"我们去月球吧"这么一句单纯的愿望去实施的一个项目，如果我们稍微思考一下，会发现这个计划着实让人摸不着头脑，它究竟有什么实际用途呢？但是，据我所知这个计划至少有一点确实给现代社会带来了巨大的贡献，那就是医学领域。

重症加强护理病房，即ICU（Intensive Care Unit）如果没有阿波罗计划就不可能实现，或者说至少它的实现会被大幅度推迟。ICU 病房中的仪器设备的作用是，患者如果身体出现了什么危及生命的变化，会立即远程通知医生和护士。这样的设备体系最初是来自阿波罗计划等长期太空飞行的需要而应运而生的，因为我们需要对宇航员的生命体征或者身体状态进行远程监控，一旦发生某种重大的变化就能立即采取应对措施。这一点在电影《阿波罗 13 号》里也有呈现，影片中出现过远程监测宇航员的身体内部与外部环境的指标，出现了大的变化时立即采取对策的一幕，这个技术正是 ICU 病房所需要的，如今已经得以实现，实际应用到了医疗救护当中。

许多人并不知道，即使是阿波罗计划这样看似硕大的无聊消遣的项目，其实也创造出了对于人类而言不可或缺的技术或者系统。而这，就是一种典型的"拼装"。这个项目的主导者肯尼迪的大脑是否确信，通过这个航天计划能产生对于全人类而言都非常有用的智慧发明，这一点我们无从得知。但是，如果说当时相关人员的内心有一种"说不清道不明的预感"，认为一旦完成这个计划，肯定能够收获某些重大的智慧，那么我们不得不说，这真的就跟马托格罗索州的原住民们捡东西回家一样，都是具有野性的智慧行为。

当我们反观现在的全球化企业，会发现很多时候如果我们无法回答管理层的"那个创意有什么作用？"的问题就无法获得资金投入。然而，通过上述这些事例可以看出，改变世界的巨大创新，最初大多来自"总觉得这个东西很棒"的直觉，是在这种直觉引领下最终实现了巨大的创新，这一点我们绝对不能忘记。

范式转移
——需要经历漫长的时间才会发生

托马斯·库恩（Thomas Samuel Kuhn，1922—1996）

美国哲学家、科学家。其专业是科学史以及科学哲学。在其 1962 年发表的著作《科学革命的结构》中，提出科学的进步不是累积得来的，而是由间断性的革命性变化，即范式转移（Paradigm Shift）而得来的。

范式（Paradigm）这个词由于非常方便好用，如今跟库恩当年担心的一样，已经超出了科学领域的范畴，在更大的范围内被频繁使用了。那么，一开始库恩是把"范式"这个词当作一种怎样的概念来使用的呢？据库恩自己的话说，是指"被大众认可的科学上的业绩或者成就，这个业绩或者成就在一定的时期内会成为专家们的提问方式和回答方式中的典范"。所谓的"范式转移"，就是说曾经"在一段时期内的科学上的业绩典范"被新的东西所替代。换句话说，库恩最初是想着把这个词语放在科学领域使用的。但是，正如您所知的那样，如今"范式"一词已经超出了科学领域的范畴，被用于描述社会现象或者技术发展等更加广阔的领域，这与库恩当初设想的概念相比，其内涵扩大了很多。对于这样的现象，也有科学史家会皱起眉头，认为这与当初库恩的本意不一样，但是也正如本书中已经说过的那样，"词语"本身也是随着时间而不断进化，或者说被自然淘汰的，因此我个人认为，没有必要那么较真儿为这点小事生气。"范式"能够被如此广泛地用于不同的领域，正是因为对于有些现象，用其他的词语无法表达清楚，而它是那个"最恰当"的词语。这就跟日语中说的"大丈夫"这个词，从最早的"大男子"的意思转变成了"没问题"的意思而被广泛使用，这两者之间的转变过程是一样的。因此，我不想去过多深究范式转移原始的概念，而是想跟大家分享一下关于范式转移，库恩所发现的意味深长的事情。

第一个是，不论哪种范式，都具备非常强的说服力，能够基本回答出那个时代中的一些难题。尽管如此，从根本上来说有可能它还是错的。比如，现在我们每个人都知道"地心说"是完全错误的。但是，过去的很长一段时间里，地心说都是被当作一种宇宙论的优秀理论模型而流传，那时几乎所有人都相信地球是宇宙的中心。然而，随着观测技术的进步，后来"地心说"的模型无法解释说明的异常现象越来越多，多到无法忽视的地步，就发生了地心说的范式转移。

这样说来，可能有的读者朋友会想，范式转移是经过在本书中另外也有说明的黑格尔的辩证法那样的过程才发生的。而这也就引出了库恩给我们带来的第二个重要的启迪。据库恩的话说，范式转移并不是那样发生的。库恩认为，由于不同的范式之间具有非常深的鸿沟，因此彼此之间根本连对话都不可能发生。两者之间别说处理问题的方法论了，大部分情况下连用于描述问题的措辞都不一样。也就是说，不同的范式之间并不存在一种可以用来判断孰优孰劣的通用标准。库恩把这种特征称为"不可通约性（incommensurability）"。

换句话说，范式转移是指需要经历漫长的时间才会发生的一种变化。因为在不同的范式之间，如果一方的支持者与另一方的支持者毫无交流或者交换意见，那么一种范式要转变成另一种范式，就必须等到某一方的支持者从这个世上都消失了才行。对此，库恩引用了物理学家马克斯·普朗克的话进行了说明：

新的科学真理，并不是通过说服反对者，让他们看到崭新的光明来奏响凯歌的。而正好相反，是要等到那些反对者都消失了之后，新的一代人成长起来，对于新的一代人来说这种科学真理变成理所当然的认知时，才是真正的胜利。

确实，哥白尼提出的"日心说"这个理论被大众所认可，是在哥白尼死后100多年才实现的。而且牛顿在发表了万有引力之后，也是花了半个多世纪的时间才被大家所认可。我们这一代人追着历史伟人的屁股跑，以为这个世界会因为那些划时代的发现或者发明而突然发生巨大的转变，但是这样的想法是错误的。这就像埃弗雷特·罗杰斯（Everett M. Rogers）曾经说过的那样，比如说活版印刷术、维生素C缺乏病、感染病的预防法等各种划时代的发明，都是花费了几百年的时间才得以普及的。现如今，在各个领域都听到人们说什么在短短数年内完成了范式转移之类的，但是如果让库恩本人来评价的话，那些转变根本不是范式转移，而仅仅是"意见"或者"方法"的变更而已。

反过来说，如果我们认为此时此刻，我们正身处于以百年为单位的范式转移的进程当中，那么我们或许有必要站在更长的时间轴上来思考一下，究竟是从什么样的范式，转变成什么样的范式呢？

解构主义
——你是否被"二元对立"的思想所束缚了

雅克·德里达（Jacques Derrida，1930—2004）

法国哲学家。他出生于法属殖民地阿尔及利亚郊区的一个犹太人家庭。通常被认为是后结构主义的代表性哲学家。他提倡"书写（écriture）"、解构主义、"播撒（dissémination）""分延（Différance）"等概念。他不仅在哲学领域，在文学、建筑、演剧等多方面都产生了影响。

所谓的解构主义，简单说就是把"二元对立"的构造给打破。德里达认为，西方哲学是以"善与恶""主观与客观""天神与恶魔"等这样具有优劣之分的构造为前提组成的。但是在解构主义中，是通过明确这种优劣之分的构成本身所具备的矛盾性并从过去的结构中解脱出来，构建起新的构造框架。因此叫作"解构主义"。

比如说我们想一想近年来非常流行的"多样性"这个话

题就容易理解了。主张"多样性很重要"的人，当然就是批判单一性或者极权主义的人了。换言之，在他们的脑海中存在着"多样性与单一性""多样性与极权主义"这样的二元对立，并将后者放置在比前者低劣的位置上来看待。那么，如果要给这样的命题进行解构，要如何拆解呢？

没错，我们可以批判对方，"多样性非常重要，接受多样性吧"这样的主张本身就是一种具有单一性的极权主义的想法。如果说多样性真的很重要的话，那么就应该认可各种各样的思想才对，那么"单一性或者极权主义很好"这种主张也应该得到认可。然而，一旦认可这一点，就说明多样性并不一定很重要，于是乎原来的命题本身就变得自相矛盾了。

实际上上述这种手法也可以称为辩论或者批判的撒手锏，人称评论之神的小林秀雄在面对周围的辩论对手时经常就用这种方法一招制胜。不去找反证事实来进行反驳辩论，而是通过让对方的主张自相矛盾的方式来进行反论，用武道的话来说，这或许可以说成是"合气道"派的一种借力打力的批判手法。

我们再稍微扩大地解释一下，把这个解构主义变成一种方便使用的工具来用。比如，当一个命题 A 和一个命题 B 同时存在时，假设有一个人主张命题 A 是对的。那么当我们想要把这个人打倒的时候，许多人会有这样的辩论思路"我认为 A 不对，B 才是对的"，也就是试图采用反命题的方式来获胜。但是更有力的方式其实是指出"这个问题本来就不是 A 或者 B 的事情，这种问题设定本身就有问题"，用这种方式去打破对方提出的辩论思路或者提问的前提。

前面的章节中我已经介绍过人类学家克洛德·列维－斯特劳斯攻击让－保罗·萨特，牢牢掐住了哲学家的喉咙的故事。嗯，我想读到这里的朋友们可能已经注意到了，当时斯特劳斯用来反击萨特的方式也可以被归纳为一种解构主义的方法。对于萨特大肆宣扬的"是新还是旧"的二元对立的问题，斯特劳斯说："西洋在不断进化的同时，边境仍未得到开发，是处于劣势的。"这一点是其二元对立的命题中内在的一个现象，因此其思路本身就有问题。

萨特是倾向于马克思主义的。而马克思主义是辩证唯物主义历史观，也就是说认为历史是存在一定规律的。而对于这个想法，列维－斯特劳斯在他的《野性思维》一书中批判这个"历史是会发展的"想法，完全是"从来一步都没踏出过巴黎的人站在高于人类之上的视角而提出来的"。这样指责由于直击要害，恐怕连萨特本人都感觉到了吧。所以萨特才会慌里慌张地用"你这才是资产阶级的蠢话"之类牵强的反驳来回应斯特劳斯的批判。但是从我们这些看官的角度来看，这场战斗很明显是萨特这一方战败了。因此在这场辩论结束后，萨特所主导的存在主义便迅速地失去了影响力。

列维－斯特劳斯的批判核心观点在于，"历史是会发展的"也就意味着所有的社会及文明都会在"发展"的这个衡量标准中被分为"发展比较快的社会和文明"与"发展比较缓慢的社会和文明"这两种。而这只不过是将欧洲的价值观单方面地强加给其他国家和地区来进行比较而已。再重复一次前文，解构主义的基本思想是"打破二元对立的结构"。因此萨特提出的二元对立就是指"发展与落后"的二元对立，他把人们主动参与到社会中去叫作"Engagement（参与其中）"，并且主张通过参与其中能够让历史往更好的方向发展。然而对于萨特提出的"发展与落后"这个二元对立的结构，斯特劳斯从其结构本身就凸显出了欧洲人的傲慢情绪这一点来进行批判，打破了他这个二元对立。因此我们可以说斯特劳斯用的就是解构主义的技巧。

由于二元对立的结构非常便利，在整理企业经营或者实际社会中的问题时经常会被拿来使用。常见的就有"强项和弱项""机会与威胁""设计与成本"等等。然而，设定这样的框架，可能反而会制约我们思想的宽度。在这种时候，不如想一想如何利用"解构主义"的思路，去把原先那些二元对立的框架进行彻底的脱胎换骨吧。

预测未来
——预测未来的最佳方式就是去创造它

艾伦·凯（Alan Curtis Kay, 1940— ）

美国计算机科学家、教育家、爵士乐演奏家，也被人称为个人电脑之父。在面向对象编程和窗口式图形用户界面的设计与开发方面取得了卓越的功绩。也因为"预测未来的最佳方式就是去创造它"这句金玉良言而为人所知。

首先，请看下图。

相信大部分人都会认为，"啊，他们在玩 iPad 吧？"
那么，接下来请再看下图。

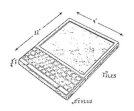

怎么样？恐怕大部分人这时候都会想："嗯？好像有点
不一样哦，这是什么呢？"

让我来揭晓谜底吧。这两幅图是计算机科学家艾伦·凯
在 1972 年所著的论文《适合所有年龄段儿童使用的电脑》（*A
Personal Computer for Children of All Ages*）中，用来
说明"动态笔记本（Dynabook）"这个概念时使用的图片。
没错，这是 50 多年以前的图片了。

如果您看到这个谜底，认为"好厉害！原来他在 40 多年前就已经预测到未来了呢"，那您这个理解就完全错啦。

艾伦·凯自己也说过，他画下这些图的时候并非是在预测未来。他只是认为，"如果有这样的东西的话就好了"，于是将这种理念给描绘出来，并为了让它得以问世而坚韧不拔地四处游走。这里我们可以看到，他做的事情不是"预测"未来，而是"创造"未来。

身处咨询公司，我们经常能够遇到一些客户来咨询有关"预测未来"的问题。比如问我们未来会变成什么样，对于那样的未来，我们应该如何准备。当然了，我们收了这些客户的咨询费自然是要写点报告给他们的，但是就我个人而言，我觉得这些问题实在是很荒谬。

现在的世界并不是偶然变成这样的。而是在某个地方的某个人的意志决定积累在一起之后才描绘出了当今世界的模样。

与之相同的是，未来的世界会是什么样，也是由当下这一刻开始到未来为止的这个期间人类实施的各种各样的行为而编织起来的。如果是这样，那么我们必须要考虑的事情不是"未来会变成什么样"，而应该是"我们想让未来变成什么样"才对吧。

因安卓机的研究而声名鹊起的大阪大学的石黑老师曾经在与艾伦·凯见面时问过他："您觉得机器人有未来吗？"据说这个问题问出来之后石黑先生被艾伦·凯斥责了，艾伦反问道："你才是站在研究机器人的立场上的人吧？作为一个内行的人，把这种问题抛给一个外行人算怎么回事？你自己想要把机器人变成对于人类而言有什么作用的东西？"石黑后来回忆，当时他听完这番话，"觉得真是茅塞顿开、醍醐灌顶啊"。

未来这东西，与其去预测，倒不如去设想心中的蓝图并努力实现它。这样的思维方式其实还可以从其他角度来进行加强。因为"预测往往都猜不准"。

比如，近年来日本社会总是带着危机感来探讨有关少子化带来的人口减少的担忧，但是您知道吗？过去在其他国家关于少子化的人口减少预测基本上都与事实大相径庭。

就拿英国来说吧。在 20 世纪初期由于有一段时间英国的出生率大幅下降，于是英国政府和研究机构基于各种前提做出了诸多的人口预测。它们制作出来的 17 个人口预测模型中，现在回头去看，其结果是 14 个预测人口减少的模型完全是错误的，剩下 3 个虽然是预测人口增加，但是其增加幅度远低于实际人口增长。从结果上来说，实际人口增长远高于政府或者智囊团当初做的 17 个人口预测模型。这就是发生在 20 世纪初的英国的真实案例。

此外，美国的出生率也在 20 世纪 20 年代开始下降，到 30 年代为止一直保持下降趋势。基于这样的情况，在 1935 年发表的人口预测中，预计 1965 年美国的人口将会减少到原来的 2/3。然而这个预测完全错了。第二次世界大战开始之后，结婚率突然提升，因此出生率也随之大幅上升，到了 1965 年，美国人口非但没有减少，反而迎来了一大拨婴儿出生潮。

人口变化由于具有严密的统计数据可以分析，本来应该算是容易进行未来预测的，但是即使如此，其结果也仍然是这般打脸，别的领域就更是惨不忍睹。

典型的例子就是咨询公司与智库等进行的所谓"未来预测"。

1982 年，当时美国最大的电话公司 AT&T 请咨询公司麦肯锡对"2020 年手机的市场规模进行预测"。当时麦肯锡给出的预测数值是"90 万台"。那么结果如何呢？市场规模轻易地突破了 1 亿台，每 3 天就卖出 100 万台。但是可怜的是 AT&T 轻信了麦肯锡的预测和建议，在 1984 年时任 AT&T 公司 CEO 的布朗先生做出了致命的错误决策，把手机事业部卖了。直接导致后来 AT&T 公司没能赶上移动通信的发展浪潮，公司经营一度陷入困境，最终被自己曾经想要抛弃的集团子公司 SBC 公司收购和吞并了，结局着实讽刺和悲凉。

耗费巨额的调查经费、使用超一流的调研公司得出的预测，却跟事情的发展天差地别。可惜咨询公司有保密义务，我无法给大家介绍更多类似的悲惨的项目经历，但是就我长期在这个行业的经验和观察来说，这种悲剧其实频繁地发生着。这并非咨询公司的能力或者预测模型有问题，而是本来专家的预测就是"理所当然地会出错的"。

当我们这样细细想来，就不得不承认，或许我们对于"预测"二字太过依赖了。

最后，我想把艾伦·凯的原话送给大家。

The best way to predict the future is to invent it.

预测未来的最佳方式就是去创造它。

躯体标记
——人不仅脑子在思考，身体也在思考

安东尼奥·达马西奥（Antonio Damasio, 1944—）

出生于葡萄牙的美国神经科学家。2018 年，他担任美国南加州大学神经科学、心理学和哲学教授。基于多年临床案例的分析，对情感给意思决定带来的影响进行研究，认为出汗或者心率骤升等身体反应对于意思决定的品质会产生重大影响，并将之命名为"躯体标记假说（somatic marker hypothesis）"。

在哲学的基本问题中有一个是关于"内心想法"和"身体行为"相关的考察。比如说柏拉图是将这个问题分成"灵魂与肉体"的二元对立来考察的，后来笛卡儿则把这个问题归纳为"身心二元论"，基本上把两者当作彼此独立的不同的东西来看待。然而，比如说斯宾诺莎等人则批判笛卡儿的想法，主张"身心平行论"，认为两者是一体，难以分开彼此的。可以说哲学界对这个问题还存在比较大的争议。到了

现在，这个问题已经超越了单纯的哲学范畴，比如说人工智能中的身体素质问题，也可以被纳入广义的"身心问题"来进行考虑。

话说回来，对于心与身的关系，我们通常会误以为内心是我们的司令塔，而身体是接受司令塔的指令来加以执行的机构。但是，越来越多的研究表明，这种以心为主、身为次的关系，好像并非那么单纯。这里我想给大家介绍一个这种研究的例子，那就是安东尼奥·达马西奥提倡的躯体标记假说。

安东尼奥·达马西奥是一名神经科学家，他发现许多患者即使数理或者语言等"逻辑性的、理性的"大脑功能完全没有受到损伤，但其社会性意思决定的能力却遭到了毁灭性的破坏，因此提出一种名为"躯体标记"的假说，认为适时地恰当地进行意思决定，需要理性与情感两方面的共同作用。据他本人回忆，整个假说理论被发现的经过如下：

有人介绍了一名患者到神经科学家安东尼奥·达马西奥这里来看病。这位患者名叫艾略特，是一名30多岁的男性。他在接受脑瘤手术之后，尽管完全没有伤及"逻辑性的、理性的"推理能力，但是在实际生活中进行意思决定时产生了巨大的困难，变得越来越难以做决定。

达马西奥对艾略特进行了各种各样的神经心理学测试，尤其是针对脑部的前额叶的功能进行了细致的检查。但是其结果显示，艾略特的智商等各方面的检查结果都完全正常，甚至可以说非常优秀。完全看不出来有什么东西会影响到他现实生活中的意思决定。

达马西奥对此感到很疑惑。

通过这些检查我发现，艾略特虽然拥有正常的智商表现，但是却无法做出恰当的决断。尤其是当这个决断是跟个人问题或者社会性的问题有关时，他会更加难以抉择。这是不是说明在个人方面或者社会领域中的推论或者意思决定的方式，与那些在物体、空间、数字，或者语言等相关领域的推论方法或思考方法并不相同呢？难道它们依赖于不同的神经系统或者工作原理吗？

安东尼奥·达马西奥《笛卡儿的错误：情绪、
推理和人脑》

由于找不到解决方案，达马西奥只好把这个问题暂时搁置一旁。然而不久他就发现，艾略特逐渐展示出来的"某种倾向"应该是解决问题的关键所在。这个倾向就是极端的感性或者情感的衰退。

达马西奥发现，艾略特看到悲惨的事故或者灾害的照片也毫无情感上的反应，或者说对于生病前自己喜爱的音乐或者绘画，手术后再也没有涌起过什么感情上的冲动，据此推测他的社会性意思决定的能力与情感之间，可能存在着以往从来没被人发现过的重要关系，于是他想到了上述这个假说。

之后，为了验证自己的假说，达马西奥找到了 12 位跟艾略特一样脑部前额部位受损的患者进行了重复性的研究。发现所有病患都表现出了跟艾略特一样的"极端的情感衰退与意思决定障碍"的现象。针对这个发现进一步进行考察分析之后，达马西奥最终提出了"躯体标记假说"。内容稍微有点长，但是这里的表述在我们考察意思决定过程中"逻辑与直觉"，或者说"艺术与科学"等问题的时候，是一个非常重要的立足点，因此我把其内容摘要如下：

在你对某种前提条件进行成本效益分析之前，以及在开始对问题解决方案进行推导之前，有一件非常重要的事情将会发生。比如说，如果由于某种特定的反应引起脑海中出现不好结果的感觉，不论这种感觉有多么轻微，你都会感受到某种不愉快的"直观的情绪"。这种情绪是跟身体相关的，因此我为这种现象取名为 Somatic（躯体）（Soma 是希腊语当中的"身体"的意思）。然后这种情绪会被身体标记为一种不好的画面预感，因此我把它叫作 Marker（标记）。

安东尼奥·达马西奥《笛卡儿的错误：情绪、推理和人脑》

按照躯体标记假说的理论，由于接触到外界信息而引起的情感或者身体上的反应（如出汗、心跳加速、口干舌燥等），会给脑部的前额叶内侧带来影响，帮助我们做出眼前这个信息是好还是坏的判断，提高我们的意思决定的效率。如果我们接受这个理论，那么就意味着过去我们拥有的"做决策的时候尽量要排除个人情绪的影响，基于理性进行决策"这个常识是错的，在意思决定的时候反而应该积极地投入感情进去才行。

当然了，对于躯体标记假说也有许多反论，目前这个理论也仅仅停留在文字表述的阶段而已。然而，达马西奥在他的著作《笛卡儿的错误：情绪、推理和人脑》中展示那些可怜的案例是在告诉我们，社会性的判断或者意思决定这件事是多么复杂的一个过程，在进行决策的过程中，我们除了要理性地分析目前自己认识到的利害关系，还要在情感层面进行直觉上的考察和判断。

当今世界日益复杂，逻辑性的意思决定正在变得越来越难。在这样的社会中，如果我们过度地追求理智与逻辑性，可能反而造成巨大的判断失误。我想，正因为我们身处这样的时代，达马西奥提倡的躯体标记假说是值得我们去侧耳倾听的。